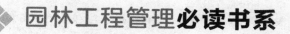

园林工程管理**必读书系**

园林工程施工成本管理
从入门到精通

YUANLIN GONGCHENG
SHIGONG CHENGBEN GUANLI
CONG RUMEN DAO JINGTONG

宁平　主编

化学工业出版社
·北京·

本书主要介绍了园林工程管理人员必须掌握的成本管理的知识，包括园林施工成本管理概论、园林施工成本预测、园林施工成本计划、园林施工成本控制、园林施工成本核算、园林施工成本分析、园林施工成本考核、园林施工造价管理、园林施工竣工结算和决算等内容。

　　本书可供园林工程施工、养护和管理等相关技术人员参考使用，也可供高等学校园林工程等相关专业师生学习使用。

图书在版编目（CIP）数据

园林工程施工成本管理从入门到精通/宁平主编．
北京：化学工业出版社，2017.3（2021.3 重印）
（园林工程管理必读书系）
ISBN 978-7-122-28641-3

Ⅰ.①园…　Ⅱ.①宁…　Ⅲ.①园林-工程施工-成
本管理　Ⅳ.①TU986.3

中国版本图书馆 CIP 数据核字（2016）第 298138 号

责任编辑：董　琳	文字编辑：吴开亮
责任校对：边　涛	装帧设计：韩　飞

出版发行：化学工业出版社（北京市东城区青年湖南街 13 号　邮政编码 100011）
印　　装：北京虎彩文化传播有限公司
787mm×1092mm　1/16　印张 12　字数 290 千字　2021 年 3 月北京第 1 版第 3 次印刷

购书咨询：010-64518888　　　　　　　售后服务：010-64518899
网　　址：http://www.cip.com.cn
凡购买本书，如有缺损质量问题，本社销售中心负责调换。

定　　价：58.00 元

编写人员

主　　编　宁　平
副 主 编　陈远吉　李　娜　李伟琳
编写人员　宁　平　陈远吉　李　娜　李伟琳
　　　　　张　野　张晓雯　吴燕茹　闫丽华
　　　　　马巧娜　冯　斐　王　勇　陈桂香
　　　　　宁荣荣　陈文娟　孙艳鹏　赵雅雯
　　　　　高　微　王　鑫　廉红梅　李相兰

前 言

随着国民经济的飞速发展和生活水平的逐步提高，人们的健康意识和环保意识也逐步增强，大大加快了改善城市环境、家居环境以及工作环境的步伐。园林作为城市发展的象征，最能反映当前社会的环境需求和精神文化的需求，也是城市发展的重要基础。高水平、高质量的园林工程是人们高质量生活和工作的基础。通过植树造林、栽花种草，再经过一定的艺术加工所产生的园林景观，完整地构建了城市的园林绿地系统。丰富多彩的树木花草，以及各式各样的园林小品，为我们创造出典雅舒适、清新优美的生活、工作和学习的环境，最大限度地满足了人们对现代生活的审美需求。

在国民经济协调、健康、快速发展的今天，园林建设也迎来了百花盛开的春天。园林科学是一门集建筑、生物、社会、历史、环境等于一体的学科，这就需要一大批懂技术、懂设计的专业人才，来提高园林景观建设队伍的技术和管理水平，更好地满足城市建设以及高质量地完成景观项目的需要。

基于此，我们特组织一批长期从事园林景观工作的专家学者，并走访了大量的园林施工现场以及相关的园林管理单位，经过了长期精心的准备，编写了这套丛书。

与市面上已出版的同类图书相比，本套丛书具有如下特点。

（1）本套丛书在内容上将理论与实践结合起来，力争做到理论精炼、实践突出，满足广大园林景观建设工作者的实际需求，帮助他们更快、更好地领会相关技术的要点，并在实际的工作过程中能更好地发挥建设者的主观能动性，不断提高技术水平，更好地完成园林景观建设任务。

（2）本套丛书所涵盖的内容全面真正做到了内容的广泛性与结构的系统性相结合，让复杂的内容变得条理清晰、主次明确，有助于广大读者更好地理解与应用。

（3）本套丛书图文并茂，内容翔实，注重对园林景观工作人员管理水平和专业技术知识的培训，文字表达通俗易懂，适合现场管理人员、技术人员随查随用，满足广大园林景观建设工作者对园林相关方面知识的需求。

本套丛书可供园林景观设计人员、施工技术人员、管理人员使用，也可供高等院校风景园林等相关专业的师生使用。本套丛书在编写时参考或引用了部分单位、专家学者的资料，并且得到了许多业内人士的大力支持，在此表示衷心的感谢。限于编者水平有限和时间紧迫，书中疏漏及不当之处在所难免，敬请广大读者批评指正。

丛书编委会
2017 年 1 月

第一章

园林施工成本管理概论

第一节　园林施工成本

一、园林施工成本的概念

　　园林施工成本是指建筑企业以园林施工项目作为成本核算对象的施工过程中所耗费的生产资料转移价值和劳动者的必要劳动所创造的价值的货币形式，亦即某园林在施工中所发生的全部生产费用的总和，包括所消耗的主、辅材料，构配件，周转材料的摊销费或租赁费，施工机械的台班费或租赁费，支付给生产工人的工资、奖金以及项目经理部（或分公司、工程处）一级为组织和管理工程施工所发生的全部费用支出。园林施工成本不包括劳动者为社会所创造的价值（如税金和计划利润），也不应包括不构成施工项目价值的一切非生产性支出。明确这些对研究园林施工成本的构成和进行园林施工成本管理是非常重要的。

二、园林施工成本的分类

　　为了明确认识和掌握园林施工成本的特性，搞好成本管理，根据园林施工管理的需要，可从不同的角度进行考察，将园林施工成本划分为不同的形式。按园林施工成本费用目标，园林施工成本可分为生产成本、质量成本、工期成本和不可预见成本。

　　（1）生产成本。生产成本是指完成园林工程所必须消耗的费用。园林施工项目部进行施工生产，必然要消耗各种材料和物资，使用的施工机械和生产设备也要发生磨损，同时还要对从事园林施工生产的职工支付工资，支付必要的管理费用等，这些耗费和支出就是园林施工的生产成本。

　　（2）质量成本。质量成本是指园林施工项目部为保证和提高建筑产品质量而发生的一切必要费用以及因未达到质量标准而蒙受的经济损失。一般情况下，质量成本分为以下四类：园林施工内部故障成本（如返工、停工、降级、复检等引起的费用）、外部故障成本（如保修、索赔等引起的费用)、质量检验费用和质量预防费用。

(3) 工期成本。工期成本是指园林施工项目部为实现工期目标或合同工期而采取相应措施所发生的一切必要费用以及工期索赔等费用的总和。

(4) 不可预见成本。不可预见成本是指园林施工项目部在施工生产过程所发生的除生产成本、工期成本、质量成本之外的成本，诸如扰民费、资金占用费、人员伤亡等安全事故损失费、政府部门罚款等不可预见的费用。

第二节　园林施工成本管理

一、园林施工成本管理的概念

园林施工成本管理是企业的一项重要的基础管理，是指施工企业结合本行业的特点，以园林施工过程中的直接耗费为原则，以货币为主要计量单位，对项目从开工到竣工所发生的各项收、支进行全面系统的管理，以实现园林施工成本最优化目的的过程。它包括落实园林施工责任成本，制订成本计划、分解成本指标，进行成本控制、成本核算、成本考核和成本监督等过程。

1. 园林施工成本管理的特点

(1) 事先能动性。由于园林施工管理具有一次性的特征，因而其成本管理只能在这种不再重复的过程中进行，以避免某一园林施工上的重大失误。这就要求园林施工成本管理必须是事先的、能动性的、自为的管理。园林施工一般在项目管理的起始点就要对成本进行预测，制订计划，明确目标，然后以目标为出发点，采取各种技术、经济、管理措施实现目标。

(2) 综合优化性。这种特征是由园林施工成本管理在园林施工管理中的特定地位所决定的。施工经理部并不是企业的财务核算部门，而是在实际履行园林工程承包合同中，以为企业创造经济效益为最终目的的施工管理组织。它是为生产有效益的合格项目产品而存在的，不是仅仅为了成本核算而存在于企业之中的。因此，园林施工成本管理的过程，必然要求其与项目的工期管理、质量管理、技术管理、分包管理、预算管理、资金管理、安全管理紧密结合起来，从而组成园林施工成本管理的完整网络。

(3) 动态跟踪性。项目产品的生产过程不同于工业产品的生产，其成本状况随着生产过程的推进会随客观条件的改变而发生较大的变化，尤其在市场经济的背景下，各种不稳定因素会随时出现，从而影响到项目成本。例如建材价格的提高、园林工程设计的修改、产品功能的调整、因建设单位责任引起的工期延误、资金的到位情况、国家规定的预算定额的调整、人工机械安装等分包人的价格上涨等，都使园林施工成本的实际水平处在不稳定的环境中。

(4) 内容适应性。园林施工成本管理的内容是由园林施工管理的对象范围决定的。它与企业成本管理的对象范围既有联系，又有明显的差异。因此，对园林施工成本管理中的成本项目、核算台账、核算办法等必须进行深入的研究，不能盲目地要求与企业成本核算对口。

2. 园林施工成本管理的意义和作用

(1) 园林施工成本管理是产品市场竞争能力的经济表现。市场经济对于单个市场参与主体来说，在本质上是一个竞争经济。建筑企业作为一个市场参与主体，其企业生命力在于其市场竞争力，而企业的竞争力在于企业的竞争优势，包括绝对竞争优势和相对竞争优势。通常，这种竞争优势的取得有两种途径：作为垄断的结果和开放竞争的结果。在市场经济体制日益完善的情况下，垄断伴随而来的绝对优势是脆弱的，在建筑企业处于卖方市场的条件下，业主和消费者可以通过采购自由权对抗这种垄断优势，其结果必然是垄断的终结。由开放竞争带来的竞争优势是动态的，在一个趋于同质化的产品市场上，价格是衡量企业产品竞争能力的一个标尺。价格一般由成本和利润两块组成。在一个由市场竞争所决定的产品最优价格的前提下，建筑企业要想获得尽可能多的利润，最大限度地控制成本（在不损害质量、工期目标的前提下）是实现利润最大化的唯一途径。因此，施工项目成本是项目产品竞争能力的经济表现，它部分地决定了项目的竞争优势，间接刻画了企业的盈利水平和能力。

（2）园林施工项目成本管理是园林项目实现经济效益的内在基础。建筑企业作为我国建筑市场中独立的法人实体和竞争主体，之所以要推行项目管理，原因就在于希望通过施工项目管理彻底地突破长期以来的计划经济体制所形成的传统管理模式，将经营管理的全部活动从完成国家下达的计划指令转向以园林工程施工合同为依据、以满足建设单位对建筑产品的需求为目标、以创造企业经济效益为目的的方面来。一个企业存在的意义，不仅在于它向社会所提供的各类产品，以满足国民经济发展和人民物质文化生活水平日益增长的需要，同时也在于追求企业经济效益的最优化。

（3）园林施工成本管理是动态反映项目一切活动的最终水准。建筑企业经营管理活动的全部目的，就在于追求低于同行业平均成本水平，取得最大的成本差异。项目产品的价格一旦确定，成本就是决定的因素，而这个任务是由园林施工管理部来完成的。要完成这个任务，没有以成本为目标的全部有效率的管理活动，其结果难以想象。离开了成本的预测、计划、控制、核算和分析等一整套成本管理的系统化运动，任何美好的愿望都是不现实的。因此，园林施工管理的水平显然集中体现在成本管理水平上。

（4）园林施工成本管理是确立项目经济责任机制，实现有效控制和监督的手段。园林施工管理的实际运作状态与建筑企业的生存和发展环境的优化或恶化一脉相通。因此，建筑企业必然要对所属园林施工项目实施有效的监控，尤其要对其管理的绩效进行评价，以保证企业的利益，提高企业的管理素质和社会声誉。建筑企业对园林施工的绩效评价，首先是对成本管理绩效的评价。由于园林施工成本管理体现了园林施工管理的本质特征，并代表着园林施工管理的核心内容，因此园林施工成本管理在项目绩效评价中受到特别的重视。同时，园林施工成本管理的水平和结果，也可使建筑企业从最独特、最便捷、最关键的角度，掌握施工项目的管理状况及实际所达到的水平，并为绩效评价提供直观、量化的佐证。因而，园林施工项目成本管理理所当然地成为园林施工项目管理绩效评价的客观、公正的标尺，这杆标尺的地位至少在可以预见的时期内是不可动摇的。

二、园林施工成本管理的原则

1. 领导者推动原则

企业的领导者是企业成本的责任人，必然是园林工程施工成本的责任人。领导者应该制订园林施工成本管理的方针和目标，组织园林施工成本管理体系的建立和保持，使企业全体员工能充分参与施工成本管理，创造企业成本目标的良好内部环境。

2. 以人为本，全员参与原则

管理的本质是人，人的本质是思想和精神。纵观世界发展史，从工业革命到信息化时代，历史的滚滚车轮无一不是人在推动的。具体到园林施工成本管理，管理的每一项工作、每一个内容都需要相应的人员来完善，抓住本质、全面提高人的积极性和创造性是搞好施工项目成本管理的前提。园林施工成本管理工作是一项系统工程，园林施工的进度管理、质量管理、安全管理、施工技术管理、物资管理、劳务管理、计划统计、财务管理等一系列管理工作都关联到施工项目成本。园林施工项目成本管理是园林施工管理的中心工作，必须让企业全体人员共同参与，只有如此，才能保证园林施工成本管理工作顺利地进行。

3. 目标分解，责任明确原则

园林施工成本管理的工作业绩最终要转化为定量指标，而这些指标的完成是通过上述各级各个岗位的工作实现的，为明确各级各岗位的成本目标和责任，就必须进行指标分解。企业确定园林施工责任成本指标和成本降低率指标，是对园林工程成本进行了一次目标分解。企业的责任是降低企业管理费用和经营费用，组织项目经理部完成园林施工责任成本指标和成本降低率指标。项目经理部还要对园林施工项目责任成本指标和成本降低率目标进行二次目标分解，根据岗位不同、管理内容不同，确定每个岗位的成本目标和所承担的责任；把总目标进行层层分解，落实到每一个人，通过每个指标的完成来保证总目标的实现。事实上每个项目管理工作都是由具体的个人来执行的，执行任务而不明确承担的责任，等于无人负责，久而久之，形成人人都在工作，谁也不负责任的局面，企业无法搞好。

4. 管理层次与管理内容的一致性原则

园林施工成本管理是企业各项专业管理的一个部分，从管理层次上讲，企业是决策中心、利润中心，项目是企业的生产场地、生产车间，行业的特点是大部分的成本耗费在此发生，因而它是成本中心。项目完成了材料和半成品在空间和时间上的流水，绝大部分要素或资源要在项目上完成价值转换，并要求实现增值，其管理上的深度和广度远远大于一个生产车间所能完成的工作内容，因此项目上的生产责任和成本责任是非常大的，为了完成或者实现园林工程管理和成本目标，就必须建立一套相应的管理制度，并授予相应的权力。因而，相应的管理层次，它所对应的管理内容和管理权力必须相称和匹配，否则会发生责、权、利的不协调，从而导致管理目标和管理结果的扭曲。

5. 实事求是原则

园林施工成本管理应遵循动态性、及时性、准确性原则，即实事求是原则。园林施工成本管理是为了实现园林施工成本目标而进行的一系列管理活动，是对园林施工成本实际开支的动态管理过程。由于园林施工成本的构成是随着工程施工的进展而不断变化的，因而动态性是施工成本管理的属性之一。进行园林施工成本管理的过程即不断调整园林施工成本支出与计划目标的偏差，使园林施工成本支出基本与目标一致，这就需要进行园林施工成本的动态管理，它决定了园林施工成本管理不是一次性的工作，而是园林施工全过程每日每时都在进行的工作。园林施工成本管理需要及时、准确地提供成本核算信息，不断反馈，为上级部门或项目经理进行园林施工成本管理提供科学的决策依据。如果这些信息的提供严重滞后，就起不到及时纠偏、亡羊补牢的作用。园林施工成本管理所编制的各种成本计划、消耗量计划，统计的各项消耗、各项费用支出，必须是实事求是的、准确的。如果计划的编制不准

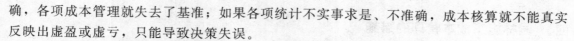

确，各项成本管理就失去了基准；如果各项统计不实事求是、不准确，成本核算就不能真实反映出虚盈或虚亏，只能导致决策失误。

因此，确保园林施工成本管理的动态性、及时性、准确性是园林施工成本管理的灵魂，否则，园林施工成本管理就只能是纸上谈兵、流于形式。

6. 过程控制和系统控制原则

园林施工成本是由园林施工过程的各个环节的资源消耗形成的。因此，园林施工成本的控制必须采用过程控制的方法，分析每一个过程影响成本的因素，制订工作程序和控制程序，使之时时处于受控状态。

三、 园林施工成本管理的职责

1. 园林施工项目成本管理的层次划分

（1）公司管理层。这里所说的"公司"是广义的公司，是指直接参与经营管理的一级机构，并不一定是公司法所指的法人公司。这一级机构可以在上级公司的领导和授权下独立开展经营和园林施工管理活动。它是园林工程施工的直接组织者和领导者，对园林工程成本负责，对园林施工成本管理负领导、组织、监督、考核责任，各企业可以根据自己的管理体制决定它的名称。

（2）项目管理层。它是公司根据承接的园林工程项目施工的需要组织起来的针对该园林施工的一次性管理班子，一般称项目经理部，经公司授权在现场直接管理园林工程施工。它根据公司管理层的要求，结合本项目实际情况和特点确定本项目部成本管理的组织及人员，在公司管理层的领导和指导下负责本项目部所承担园林工程的施工成本管理，对本项目的施工成本及成本降低率负责。

（3）岗位管理层。它是指项目经理部的各管理岗位。它在项目经理部的领导和组织下，执行公司及项目部制订的各项成本管理制度和成本管理程序，在实际管理过程中完成本岗位的成本责任指标。

公司管理层、项目管理层、岗位管理层三个管理层次之间的关系是互相关联、互相制约的关系。岗位管理层次是园林施工成本管理的基础，项目管理层次是园林施工成本管理的主体，公司管理层次是施工成本管理的龙头。项目层次和岗位层次在公司管理层次的控制和监督下行使成本管理的职能。岗位层次对项目层次负责，项目层次对公司层次负责。

2. 园林施工成本管理的职责

（1）公司管理层的职责。公司管理层是园林施工成本管理的最高层次，负责全公司的园林施工成本管理工作，对园林施工成本管理工作负领导和管理责任。

（2）项目管理层的职责。公司管理层对园林施工成本的管理是宏观的，项目管理层对园林施工成本的管理则是具体的，是对公司管理层园林施工成本管理工作意图的落实。项目管理层既要对公司管理层负责，又要对岗位管理层进行监督、指导。因此，项目管理层是园林施工成本管理的主体，项目管理层的成本管理工作的好坏是公司项目施工成本管理工作成败的关键。项目管理层对公司确定的园林施工责任成本及成本降低率负责。

（3）岗位管理层的职责。岗位管理层对岗位成本责任负责，是园林施工成本管理的基础。项目管理层将本园林工程的施工成本指标分解时，要按岗位进行分解，然后落实到岗位、落实到人。

四、 园林施工成本管理的措施

1. 组织措施

组织措施是从园林施工成本管理的组织方面采取的措施，如实行项目经理责任制，落实施工园林成本管理的组织机构和人员，明确各级施工成本管理人员的任务和职能分工、权利和责任，编制本阶段施工成本控制工作计划和详细的工作流程图等。园林施工成本管理不仅是专业成本管理人员的工作，各级项目管理人员都负有成本控制责任。组织措施是其他各类措施的前提和保障，而且一般不需要增加什么费用，运用得当可以收到良好的效果。

2. 技术措施

技术措施不仅对解决园林施工成本管理过程中的技术问题是不可缺少的，而且对纠正园林施工成本管理目标偏差也有相当重要的作用。因此，运用技术纠偏措施的关键，一是要能提出多个不同的技术方案；二是要对不同的技术方案进行技术经济分析。在实践中，要避免仅从技术角度选定方案而忽视对其经济效果的分析论证。

3. 经济措施

经济措施是最易为人接受和采用的措施。管理人员应编制资金使用计划，确定、分解园林施工成本管理目标，对园林施工成本管理目标进行风险分析，并制订防范性对策。通过偏差原因分析和未完工程施工成本预测，可发现一些潜在的问题将引起未完工程施工成本的增加，对这些问题应以主动控制为出发点，及时采取预防措施。由此可见，经济措施的运用绝不仅仅是财务人员的事情。

4. 合同措施

成本管理要以合同为依据，因此合同措施就显得尤为重要。对于合同措施，从广义上理解，除了参加合同谈判、修订合同条款、处理合同执行过程中的索赔问题、防止和处理好与业主和分包商之间的索赔之外，还应分析不同合同之间的相互联系和影响，对每一个合同作总体和具体分析等。

五、 园林施工成本管理的内容

1. 园林施工成本预测

园林施工成本预测是通过成本信息和园林施工的具体情况，并运用一定的专门方法，对未来的成本水平及其可能发展趋势作出科学的估计。其实质就是在园林施工以前对成本进行核算，通过成本预测，可以使项目经理部在满足建设单位和企业要求的前提下，选择成本低、效益好的最佳成本方案，并能够在园林施工成本形成过程中，针对薄弱环节，加强成本控制，克服盲目性，提高预见性。因此，园林施工成本预测是园林施工成本决策与计划的依据。

2. 园林施工项目成本计划

园林施工项目成本计划是项目经理部对园林施工成本进行计划管理的工具。它是以货币形式编制园林施工项目在计划期内的生产费用、成本水平、成本降低率以及为降低成本所采取的主要措施和规划的书面方案，是建立园林施工项目成本管理责任制、开展成本控制和核算的基础。一般来说，一个园林施工项目成本计划应包括从开工到竣工所必需的施工成本，它是该园林施工降低成本的指导文件，是设立目标成本的依据。

3. 园林施工项目成本控制

园林施工项目成本控制是指在园林施工过程中，对影响园林施工项目成本的各种因素加强管理，并采取各种有效措施，将施工中实际发生的各种消耗和支出严格控制在成本计划范围内，随时揭示并及时反馈，严格审查各项费用是否符合标准，计算实际成本和计划成本之间的差异并进行分析，消除施工中的损失浪费现象，发现和总结先进经验。通过成本控制，使之最终实现甚至超过预期的成本节约目标。

园林施工项目成本控制应贯穿在园林施工项目从招投标阶段开始直到项目竣工验收的全过程，它是企业全面成本管理的重要环节。

4. 园林施工项目成本核算

园林施工项目成本核算是指园林施工过程中所发生的各种费用和形式施工项目成本的核算。它包括两个方面：一是按照规定的成本开支范围对施工费用进行归集，计算出施工费用的实际发生额；二是根据成本核算对象，采用适当的方法计算出该施工项目的总成本和单位成本。园林施工项目成本核算所提供的各种成本信息是成本预测、成本计划、成本控制、成本分析和成本考核等各个环节的依据。因此，加强园林施工项目成本核算工作，对降低园林施工项目成本、提高企业的经济效益有积极的作用。

5. 园林施工项目成本分析

园林施工项目成本分析是在成本形成过程中对园林施工项目成本进行的对比评价和剖析总结工作，它贯穿于园林施工项目成本管理的全过程，也就是说园林施工项目成本分析主要利用园林施工的成本核算资料（成本信息），与目标成本（计划成本）、预算成本以及类似的施工项目的实际成本等进行比较，了解成本的变动情况，同时也要分析主要技术经济指标对成本的影响，系统地研究成本变动的因素，检查成本计划的合理性，并通过成本分析，深入揭示成本变动的规律，寻找降低园林施工项目成本的途径，以便有效地进行成本控制。

6. 园林施工项目成本考核

所谓成本考核，就是园林施工项目完成后，对园林施工项目成本形成中的各责任者，按施工项目成本目标责任制的有关规定，将成本的实际指标与计划、定额、预算进行对比和考核，评定园林施工项目成本计划的完成情况和各责任者的业绩，并以此给以相应的奖励和处罚。通过成本考核，做到有奖有惩，赏罚分明，才能有效地调动企业的每一个职工在各自的施工岗位上努力完成目标成本的积极性，为降低园林施工项目成本和增加企业的积累作出自己的贡献。

综上所述，施工项目成本管理中每一个环节都是相互联系和相互作用的。成本预测是成本决策的前提，成本计划是成本决策所确定目标的具体化。成本控制则是对成本计划的实施进行监督，保证决策的成本目标实现，而成本核算又是成本计划是否实现的最后检验，它所提供的成本信息又对下一个施工项目成本预测和决策提供基础资料。成本考核是实现成本目标责任制的保证和实现决策目标的重要手段。

第三节 园林施工成本管理体系

一、 园林施工成本管理体系概述

1. 园林施工项目成本管理体系建立的必要性

一个健全的企业，应该有各个健全的工作体系，诸如经营工作体系、生产调度体系、质量保证体系、成本管理体系、思想工作体系等。各系统协调工作，才能确保企业的健康发展。

园林施工项目成本管理不单纯是财务部门的一项业务，而是涉及施工企业全员的管理行为。因此，它不是针对某些具体问题建立若干管理制度或办法可以解决的。实行园林施工成本核算必须对园林施工成本发生的全过程进行科学的实事求是的过程分析，找出影响园林施工成本的关键过程以及与其他过程的关联，经过系统的过程策划和设计，确定企业成本方针和目标，建立有效的低成本的组织机构，制订系统的体系文件，经过科学的组织工作，建立科学的园林施工成本管理体系，才能确保园林施工成本核算的推行。

2. 建立园林施工成本管理体系的作用

（1）建立园林施工成本管理体系的目的是通过建立相应的组织机构来规定成本管理活动的目的和范围。

（2）建立园林施工成本管理体系是园林施工企业建立健全企业管理机制、完善企业组织结构的重要组成部分。

（3）建立园林施工成本管理体系是企业搞好成本管理、提高经济效益的重要基础。

3. 建立园林施工成本管理体系的原则

（1）任务目标原则。即不管设立什么部门、配置什么岗位，都必须有明确的目标和任务，做到因事设岗，而不能因人设岗。

（2）分工协作原则。成本管理是一项综合性的管理，它涉及预算、财务、工程等各部门，与工期、质量、安全等管理有着千丝万缕的联系。因此，在成本管理体系中相关部门之间必须分工协作，单靠某一部门或仅侧重于某一项管理，成本管理工作是搞不好的。

（3）责、权、利相符合原则。任何部门的管理工作都与其责、权、利有着紧密的联系。正确处理好各部门在成本管理中的责任、权利及利益分配是搞好成本管理工作的关键。尤其要注意的是，正确处理责、权、利之间的关系必须符合市场经济的原则。

（4）集分权原则。在处理上下管理层的关系时，必须将把必要的权力集中到上级（集权）与把恰当的分散权力到下层（分权）正确地结合起来，两者不可偏废。集权与分权的相对程度与各管理层的人员素质和公司的管理机制有着密切的联系，必须根据实际情况合理考虑，不是越集权越好，也不是越分权越好。

（5）执行与监督分开原则。执行与监督分开的目的，是为了使成本管理工作公正、公平、公开，确保奖罚合理、到位，防止个人行为或因缺乏监督导致工作失误或腐败现象产生。

4. 建立园林施工成本管理体系的步骤

（1）建立园林施工成本管理体系的组织机构

1）公司层次的组织机构。公司层次的组织机构主要是设计和建立企业成本管理体系，组织体系的运行，行使管理职能、监督职能，负责确定项目施工责任成本，对成本管理过程进行监督，负责奖罚兑现的审计工作。因此，策划、工程、计划、预算、技术、人事、劳资、财务、材料、设备、审计等有关部门中都要设置相应的岗位，参与成本管理体系工作。

2）项目层次的组织机构。项目层次的组织机构是一个承上启下的结构，是公司层次与岗位层次之间联系的纽带。项目层次实际上是通常所讲的项目经理部的领导层，一般由项目经理部经理、项目总工程师、项目经济师等组成。在项目经理部中，要根据工程规模、特点及公司有关部门的要求设置相应的机构，主要有成本核算、预算统计、物资供应、工程施工等部门，它们在项目经理的领导下行使双重职能，即在完成自身工作的前提下行使部分监督核查岗位人员工作情况的职能。

3）岗位层次的组织机构。岗位层次的组织机构即项目经理部岗位的设置，由项目经理部根据公司人事部门的工程施工管理办法及工程项目的规模、特点和实际情况确定，具体人员可以由项目经理部在公司的持证人员中选定。在项目经理部岗位人员由公司调剂的情况下，项目经理部有权提出正当理由，拒绝接受项目经理部认为不合格的岗位工作人员。项目管理岗位人员可兼职，但必须符合规定，持证上岗。项目经理部岗位人员负责完成各岗位的业务工作和落实制度规定的本岗位的成本管理职责和成本降低措施，是成本管理目标能否实现的关键所在。

（2）制订园林施工成本管理体系的目标、制度文件

公司层次园林施工成本管理办法，包括以下几点。

① 园林施工责任成本的确定及核算办法。

② 物资管理或控制办法。

③ 成本核算办法。

④ 成本的过程控制及审计。

⑤ 成本管理业绩的确定及奖罚办法。

项目层次园林施工成本管理办法，包括以下几点。

① 目标成本的确定办法。

② 材料及机具管理办法。

③ 成本指标的分解办法及控制措施。

④ 各岗位人员的成本职责。

⑤ 成本记录的整理及报表程序。

岗位层次园林施工成本管理办法，包括以下几点。

① 岗位人员日常工作规范。

② 成本目标的落实措施。

二、 园林施工成本管理体系的内容

1. 园林施工成本预测体系

在企业经营整体目标指导下，通过成本的预测、决策和计划确定目标成本，目标成本再进一步分解到企业各层次、各部门以及生产各环节，形成明确的成本目标，层层落实，保证成本管理控制的具体实施。

2. 园林施工成本控制体系

围绕着园林施工工程项目，企业从纵向上（各层次）和横向上（各部门以及全体人员），根据分解的成本目标对成本形成的整个过程进行控制，具体内容包括：在投标过程中对成本预测、决策和成本计划的事前控制，对施工阶段成本计划实施的事中控制和交工验收成本结算评价的事后控制。

3. 园林施工信息流通体系

信息流通体系是对成本形成过程中有关成本信息（计划目标、原始数据资料等）进行汇总、分析和处理的系统。企业各层次、各部门及生产各环节对成本形成过程中实际成本信息进行收集和反馈，用数据及时、准确地反映成本管理控制中的情况。反馈的成本信息经过分析处理，对企业各层次、各部门以及生产各环节发出调整成本偏差的调节指令，保证降低成本目标按计划得以实现。

三、 园林施工成本管理体系的特征

1. 完整的组织机构

园林施工成本管理体系必须有完整的组织机构，保证成本管理活动的有效运行。应当根据园林工程项目不同的特性，因地制宜地建立园林施工项目成本管理体系的组织机构。组织机构的设计应包括管理层次、机构设置、职责范围、隶属关系、相互关系及工作接口等。

2. 明晰的运行程序

园林施工成本管理体系必须有明晰的运行程序，包括园林施工成本管理办法、实施细则、工作手册、管理流程、信息载体及传递方式等。运行程序以成本管理文件的形式表达，表述控制园林施工成本的方法、过程，使之制度化、规范化，用以指导企业园林施工成本管理工作的开展。程序设计要简洁、明晰，确保流程的连续性和程序的可操作性。信息载体和传输应尽可能采用现代化手段，利用计算机及网络提高运行程序的先进性。

3. 规范的园林施工成本核算方法

园林施工成本核算是在成本范围内，以货币为计量单位，以园林施工成本直接耗费为对象，在区分收支类别和岗位成本责任的基础上，利用一定的方法正确组织园林施工成本核算，全面反映施工成本耗费的一个核算过程。它是园林施工成本管理的一个重要的组成部分，也是对园林施工成本管理水平的一个全面反映，因而规范的园林施工成本核算十分重要。

4. 明确的成本目标和岗位职责

园林施工成本管理体系对企业各部门和园林施工的各管理岗位制订明确的成本目标和岗位职责，使企业各部门和全体职工明确自己为降低施工项目成本应该做什么、怎么做以及应负的责任和应达到的目标。岗位职责和目标可以包含在实施细则和工作手册中，岗位职责一定要考虑全面、分工明确，防止出现管理盲区和各部门的推诿和扯皮。

5. 严格的考核制度

园林施工成本管理体系应包括严格的考核制度，考核园林施工成本、成本管理体系及其运行质量。园林施工成本管理是园林施工成本全过程的实时控制，因此考核也是全过程的实时考核，绝非园林工程施工完成后的最终考核。当然，园林工程施工完成后的施工成本的最终考核也是必不可少的，一般通过财务报告反映，要以全过程的实时考核确保最终考核的通过。考核制度应包含在成本管理文件内。

四、 园林施工成本管理体系的组织结构

1. 职能结构

职能结构即完成成本管理目标所需的各项业务工作及其关系，包括机构设置、业务分工

及其相互关系。

2. 层次结构

层次结构又称组织的纵向结构，即各管理层次的构成。在成本管理工作中，管理层次的多少表明企业组织结构的纵向复杂程度。根据现在大多数建筑施工企业的管理体制，一般设置为3个层次，即公司层次（分公司或工程处层次）、项目层次和岗位层次。

3. 部门结构

部门结构又称组织的横向结构，即各管理部门的构成。与成本管理相关的部门主要有生产、计划、技术、劳动、人事、物资、财务、预算、审计及负责企业制度建设工作的部门。

4. 职权结构

职权结构即各层次、各部门在权力和责任方面的分工及相互关系。由于与成本管理相关的部门较多，在纵向结构上层次也较多，因此在确定成本管理的职权结构时，一定要注意权力要有层次，职责要有范围，分工要明确，关系要清晰，防止责任不清造成相互扯皮推诿，影响管理职能的发挥。

五、 园林施工成本管理流程

园林施工的成本管理工作归纳为以下几个关键环节：成本预测、成本决策、成本计划、成本控制、成本核算、成本分析、成本考核等，其流程如图1-1所示。

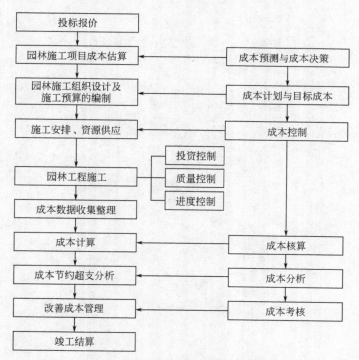

图1-1　园林施工成本管理流程图

需要指出的是，在园林施工成本管理中必须树立园林工程项目的全面成本观念，用系统的观点，从整体目标优化的基点出发，把企业全体人员以及各层次、各部门严密组织起来，围绕园林工程项目的生产和成本形成的整个过程建立起成本管理保证体系，根据成本目标，通过管理信息系统进行园林工程项目成本管理的各项工作，以实现成本目标的优化和企业整体经营效益的提高。特别是在实行项目经理责任制以后，各施工项目管理部必须在施工过程中对所发生的各种成本项目，通过有组织、有系统地进行预测、计划、控制、核算、分析等工作，促使园林施工项目系统内各种要素按照一定的目标运行，使园林施工项目的实际成本能够控制在预定的计划成本范围内。

• 第二章 •

园林施工成本预测

第一节 园林施工成本预测概述

一、 园林施工成本预测的概念

成本预测就是依据成本的历史资料和有关信息，在认真分析当前各种技术经济条件、外界环境变化及可能采取的管理措施的基础上，对未来的成本与费用及其发展趋势所作的定量描述和逻辑推断。

园林施工成本预测是通过成本信息和施工的具体情况，对未来的成本水平及其发展趋势作出科学的估计。其实质就是园林工程在施工以前对成本进行核算。通过园林施工成本预测，项目经理部在满足业主和企业要求的前提下，确定园林施工降低成本的目标，克服盲目性，提高预见性，为园林施工降低成本提供决策与计划的依据。

二、 园林施工成本预测的作用

1. 投标决策的依据

建筑施工企业在选择投标项目过程中，往往需要根据项目是否盈利、利润大小等诸因素确定是否对园林工程投标。这样在投标决策时就要估计园林施工成本的情况，通过与施工图概预算的比较才能分析出项目是否盈利、利润大小等。

2. 编制成本计划的基础

计划是管理的第一步，因此编制可靠的计划具有十分重要的意义。但要编制出正确可靠的成本计划，必须遵循客观经济规律，从实际出发，对成本作出科学的预测。这样才能保证成本计划不脱离实际，切实起到控制成本的作用。

3. 成本管理的重要环节

成本预测是在分析各种经济与技术要素对成本升降影响的基础上，推算其成本水平变化的趋势及其规律性，预测实际成本。它是预测和分析的有机结合，是事后反馈与事前控制的结合。成本预测有利于及时发现问题，找出成本管理中的薄弱环节，从而采取措施、控制成本。

三、 园林施工成本预测的过程

1. 制订预测计划

制订预测计划是预测工作顺利进行的保证。预测计划的内容主要包括：组织领导及工作布置、配合的部门、时间进度、搜集材料范围等。

2. 搜集和整理预测资料

根据预测计划，搜集预测资料是进行预测的重要条件。预测资料一般有纵向和横向两方面的数据。纵向资料是企业成本费用的历史数据，据此分析其发展趋势；横向资料是指同类园林施工项目、同类施工企业的成本资料，据此分析所预测项目与同类项目的差异，并作出估计。

3. 选择预测方法

成本的预测方法可以分为定性预测法和定量预测法。

（1）定性预测法。它是根据经验和专业知识进行判断的一种预测方法。常用的定性预测法有：管理人员判断法、专业人员意见法、专家意见法及市场调查法几种形式。

（2）定量预测法。它是利用历史成本费用资料以及成本与影响因素之间的数量关系，通过一定的数学模型来推测、计算未来成本的可能结果。

4. 成本初步预测

成本初步预测即根据定性预测的方法及一些横向成本资料的定量预测，对成本进行初步估计。这一步的结果往往比较粗糙，需要结合现在的成本水平进行修正才能保证预测结果的质量。

5. 影响成本水平的因素预测

影响成本水平因素主要有物价变化、劳动生产率、物料消耗指标、项目管理费开支、企业管理层次等。建设单位可根据近期内工程实施情况、本企业及分包企业情况、市场行情等，推测未来哪些因素会对成本费用水平产生影响，其结果如何。

6. 成本预测

成本预测即根据成本初步预测以及对成本水平变化因素预测结果确定成本情况。

7. 分析预测误差

成本预测往往与实施过程中及其后的实际成本有出入而产生预测误差。预测误差大小反映预测的准确程度。如果误差较大，应分析产生误差的原因，并积累经验。

科学、准确的预测必须遵循合理的预测程序。园林施工成本预测过程如图 2-1 所示。

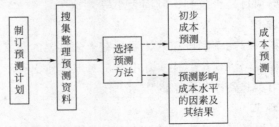

图 2-1　园林施工成本预测过程示意图

第二节　园林施工成本预测的方法

一、定性预测方法

园林施工成本的定性预测指成本管理人员根据专业知识和实践经验，通过调查研究，利用已有资料，对成本的发展趋势及可能达到的水平所作的分析和推断。

由于定性预测主要依靠管理人员的素质和判断能力，因而这种方法必须建立在对园林项目成本耗费的历史资料、现状及影响因素深刻了解的基础之上。这种方法简便易行，在资料不多、难以进行定量预测时最为适用。

定性预测偏重于对市场行情的发展方向和园林施工中各种影响施工项目成本因素的分析，发挥专家经验和主观能动性，比较灵活，而且简便易行，可以较快地提出预测结果。但进行定性预测时，也要尽可能地搜集数据，运用数学方法，其结果通常也是从数量上测算。

定性预测方法主要有经验判断法（包括经验评判法、专家会议法和函询调查法）、主观概率预测法、调查访问法等。

1. 经验判断法

（1）经验评判法。经验评判法是通过分析过去类似园林工程的有关数据，结合现有园林工程项目的技术资料，经综合分析而预测其成本。

（2）专家会议法。专家会议法是目前国内普遍采用的一种定性预测方法，它的优点是简便易行、信息量大、考虑的因素比较全面、参加会议的专家可以相互启发。这种方式的不足之处在于：参加会议的人数总是有限的，因此代表性不够充分；会上容易受权威人士或大多数人的意见的影响，而忽视少数人的正确意见，即所谓的"从众现象"——个人由于真实的或臆想的群体心理压力，在认知或行动上不由自主地趋向于与多数人一致的现象。

使用该方法预测值经常出现较大的差异，在这种情况下一般可采用预测值的平均数。

（3）函询调查法。函询调查法也称为德尔菲法。该法是采用函询调查的方式，向有关专家提出所要预测的问题，请他们在互不商量的情况下，背对背地各自作出书面答复，然后将收集的意见进行综合、整理和归类，并匿名反馈给各个专家，再次征求意见，如此经过多次反复之后，就能对所需预测的问题取得较为一致的意见，从而得出预测结果。为了能体现各种预测结果的权威程度，可以针对不同专家的预测结果分别给予重要性权数，再将他们对各种情况的评估作加权平均计算，从而得到期望平均值，作出较为可靠的判断。这种方法的优点是能够最大限度地利用各个专家的能力，相互不受影响，意见易于集中且真实；缺点是受专家的业务水平、工作经验和成本信息的限制，有一定的局限性。这是一种广泛应用的专家预测方法。

函询调查法的方法和程序如下。

① 组织领导。开展德尔菲法预测，需要成立一个预测领导小组。领导小组负责草拟预测主题，编制预测事件一览表，选择专家以及对预测结果进行分析、整理、归纳和处理。

② 选择专家。选择专家是关键。专家一般指掌握某一特定领域知识和技能的人，人数不宜过多，一般10~20人为宜。该方法可避免当面讨论时容易产生相互干扰等弊病，或者

当面表达意见受到约束。该方法以信函方式与专家直接联系，而专家之间没有任何联系。

③ 预测内容。根据预测任务，制订专家应答的问题提纲，说明作出定量估计、进行预测的依据及其对判断的影响程度。

④ 预测程序如下。

a. 提出要求，明确预测目标，书面通知被选定的专家或专门人员。要求每位专家说明有什么特别资料可用来分析这些问题以及这些资料的使用方法，同时，请专家提供有关资料，并提出进一步需要哪些资料。

b. 专家接到通知后，根据自己的知识和经验对所预测事件的未来发展趋势提出自己的观点，并说明其依据和理由，书面答复主持预测的单位。

c. 预测领导小组将专家定性预测的意见加以归纳整理，对不同的预测值分别说明预测值的依据和理由（根据专家意见，但不注明哪个专家意见），然后再寄给各位专家，要求专家修改自己原先的预测，提出还有什么要求。

d. 专家接到第二次通知后，就各种预测的意见及其依据和理由进行分析，再次进行预测，提出自己修改的意见及其依据和理由。如此反复，往返征询、归纳、修改，直到意见基本一致为止。修改的次数根据需要决定。

2. 主观概率预测法

主观概率是与专家会议法和专家调查法相结合的方法，即允许专家在预测时可以提出几个估计值，并评定各值出现的可能性（概率），然后计算各个专家预测值的期望值，最后对所有专家预测期望值求平均值即为预测结果。

计算公式如下，即：

$$E_i = \sum_{j=1}^{m} F_{ij}P_{ij} \qquad i = 1,\ 2,\ \cdots,\ n;\ j = 1,\ 2,\ \cdots,\ m \tag{2-1}$$

$$E = \sum_{i=1}^{m} E_i / n \tag{2-2}$$

式中　F_{ij}——第 i 个专家所作出的第 j 个估计值；

P_{ij}——第 i 个专家对其第 j 个估计值评定的主观概率，$\sum_{j=1}^{m} P_{ij} = 1$；

E_i——第 i 个专家的预测值的期望值；

E——预测结果，即所有专家预测期望值的平均值；

n——专家数；

m——允许每个专家作出的估计值的个数。

二、定量预测方法

定量预测也称统计预测，它是根据已掌握的比较完备的历史统计数据，运用一定的数学方法进行科学的加工整理，借以揭示有关变量之间的规律性联系，用于推测未来发展变化情况的预测方法。

定量预测基本上可以分为两类：一类是时间序列预测法。它是以一个指标本身的历史数据的变化趋势去寻找市场的演变规律，作为预测的依据，即把未来作为过去历史的延伸。另一类是回归预测法。它是从一个指标与其他指标的历史和现实变化的相互关系中探索它们之间的规律性联系，作为预测未来的依据。定量预测的优点是：偏重于数量方面的分析，重视预测对象的变化程度，能作出变化程度在数量上的准确描述；它主要把历史统计数据和客观实际资料作为预测的依据，运用数学方法进行处理分析，受主观因素的影响较少；它可以利用现代化的计算方法，进行大量的计算工作和数据处理，求出适应工程进展的最佳数据曲线。其缺点是：比较机械，不易灵活掌握，对信息资料质量要求较高。进行定量预测，通常需要积累和掌握历史统计数据。如果把某种统计指标的数值按时间先后顺序排列起来，以便于研究其发展变化的水平和速度，也叫动态数列。这种预测就是对时间序列进行加工整理和分析，将数列所反映出来的客观变动过程、发展趋势和发展速度进行外推和延伸，借以预测今后可能达到的水平。定量预测的具体方法主要有简单平均法、一元线性回归预测法、指数平滑法、高低点法、量本利分析法和因素分解法等。

1. 简单平均法

（1）算术平均法。该法简单易行，如预测对象变化不大且无明显的上升或下降趋势时应用较为合理，不过它只能应用于近期预测。

（2）加权平均法。当一组统计资料中每一个数据的重要性不完全相同时，求平均数的最理想方法是将每个数的重要性用权数来表示。

（3）几何平均法。把一组观测值相乘再开 n 次方，所得 n 次方根称为几何平均数。几何平均数一般小于算术平均数，而且数据越分散几何平均数越小。

（4）移动平均法。它是在算术平均法的基础上发展起来，以近期资料为依据，并考虑事物发展趋势的方法，包括以下两种。

① 简单移动平均法。

$$M_t = \frac{Y_{t-1} + Y_{t-2} + \cdots + Y_{t-N}}{N} \qquad (2\text{-}3)$$

式中

M_t——一次移动平均值，代表第 t 期的预测值；

Y_t——各期（t，$t-1$，$t-2$，$\cdots$）的实际数值；

N——移动平均值的分段数据的项数。

式（2-3）可改写成

$$M_t = M_{t-1} + \frac{Y_{t-1} + Y_{t-(N+1)}}{N} \qquad (2\text{-}4)$$

式（2-4）说明，在计算移动平均数时，只要在前一期移动平均数的基础上加上一个修正项 $[Y_{t-1} - Y_{t-(N+1)}]/N$，就可以求得所需要的移动平均数。

N 值的选择。移动平均法的分段数据的项数（N）的选择是一个关键问题。如果 N 取得大，移动平均值对数列起伏变动的敏感性差，反映新水平的时间长。随着 N 值的增加，趋势线逐渐平稳，但其滞后现象也同时愈益显著，容易滞后于可能的发展趋势。如 N 值取得小，其灵敏度高，反映新水平的时间短，对于随机因素反映敏感，容易造成错觉，导致预测失误。

因此，在确定 N 值时，要从以下几个方面考虑：

a. 处理的数据数次的多少。如数据项数多，N 可取得大些。

b. 对新数据适应程度的要求。N 取得小，对新数据反应灵敏，但反应过快容易把意外情况错当为趋势，反应过慢又缺乏适应性。

　　c. 考查时间序列的变动是否有明显的周期性波动。如有，应以 N 作为其周期消除周期性波动，使移动平均时间序列反映长期趋势。

　　d. 凭长期积累的经验决定 N 值大小。

　　② 加权移动平均法

　　加权移动平均法就是在计算移动平均数时，并不同等对待各时间序列的数据，而是给近期的数据以较大的比重，使其对移动平均数有较大的影响，从而使预测值更接近于实际。这种方法就是对每个时间序列的数据插上一加权系数。其计算公式如下，即

$$M_t = \frac{a_1 Y_{t-1} + a_2 Y_{t-2} + \cdots + a_N Y_{t-N}}{N} \tag{2-5}$$

式中　M_t——第 N 期的一次加权移动平均数预测值；

　　　　a_i——加权系数，$\sum a_i / N = 1$。

2. 一元线性回归预测法

　　前面的预测方法仅限于一个变量或一种经济现象，我们所遇到的实际问题则往往涉及几个变量或几种经济现象，并且要探索它们之间的相互关系，例如成本与价格及劳动生产率等都存在着数量上的一定相互关系。对客观存在的现象之间相互依存关系进行分析研究，测定两个或两个以上变量之间的关系，寻求其发展变化的规律性，从而进行推算和预测，称为回归分析。在进行回归分析时，不论变量的个数多少，必须选择其中的一个变量为因变量，而把其他变量作为自变量，然后根据已知的历史统计数据资料研究测定因变量和自变量之间的关系。

　　在回归预测中，所选定的因变量是指需要求得预测值的那个变量，即预测对象，自变量则是影响预测对象变化的、与因变量有密切关系的那个或那些变量。回归分析有一元回归分析、多元线性回归和非线性回归等。这里仅介绍一元线性回归在成本预测中的应用。

　　(1) 基本原理。一元线性回归预测法是根据历史数据在直角坐标系上描绘出相应点，再在各点间作一直线，使直线到各点的距离最小，即偏差平方和为最小，因而这条直线就最能代表实际数据变化的趋势（或称倾向线），用这条直线适当延长来进行预测是合适的（图 2-2）。

　　该方法的基本公式为：

$$Y = a + bX \tag{2-6}$$

式中　X——自变量；

　　　　Y——因变量；

　　　　a、b——回归系数，亦称待定系数。

　　(2) 一元线性回归预测的步骤。

　　先根据 X、Y 两个变量的历史统计数据，把 X 与 Y 作为已知数，寻求合理的 a、b 回归系数，然后依据 a、b 回归系数来确定回归方程。这是运用回归分析法的基础。

　　利用已求出的回归方程中 a、b 回归系数的经验值，把 a、b 作为已知数，根据具体条件测算 Y 值随着 X 值的变化而呈现的未来演变。这是运用回归分析法的目的。

　　(3) 求回归系数 a 和 b。求解回归直线方程式中 a、b 两个回归系数要运用最小二乘法。具体的计算方法不再叙述。其结果如下，即

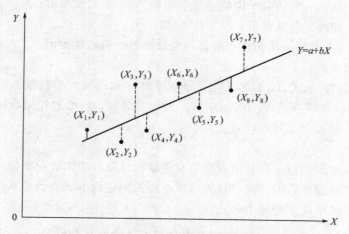

图 2-2 一元线性回归预测法的基本原理

$$b = \frac{N \sum X_i Y_i - \sum Y_i \sum X_i}{N \sum X_i^2 - \sum X_i \sum X_i} \tag{2-7}$$

$$a = \frac{\sum Y_i - b \sum X_i}{N} \tag{2-8}$$

或

$$b = \frac{Y_i \sum X_i - \overline{X}_i \sum Y_i}{\sum X_i^2 - \overline{X}_i \sum X_i} \tag{2-9}$$

$$a = \overline{Y}_i = b \, \overline{X}_i \tag{2-10}$$

式中　X_i——自变量的历史数据；

　　　Y_i——相应的因变量的历史数据；

　　　N——所采用的历史数据的组数；

　　　$\overline{X}_i$——X_i的平均值，$\overline{X}_i = \sum X_i$；

　　　$\overline{Y}_i$——Y_i的平均值，$\overline{Y}_i = \sum Y_i / N$。

3. 指数平滑法

指数平滑法也叫指数修正法，是一种简便易行的时间序列预测方法。它是在移动平均法基础上发展起来的一种预测方法，是移动平均法的改进形式。使用移动平均法有两个明显的缺点：一是它需要有大量的历史观察值的储备；二是要用时间序列中近期观察值的加权方法来解决。因为最近的观察中包含着最多的未来情况的信息，所以必须相对地比前期观察值赋予更大的权数，即对最近的观察值应给予最大的权数，而对较远的观察值就给予递减的权数。指数平滑法就是既可以满足这样一种加权法，又不需要大量历史观察值的一种新的移动平均预测法。指数平滑法又分为一次指数平滑法、二次指数平滑法和三次指数平滑法。这里主要介绍一次指数平滑法。

（1）基本公式

$$S_t = aY_t + (1-a) S_{t-N} \tag{2-11}$$

式中　S_t——第 t 期的一次指数平滑值，也就是第 $t+1$ 期的预测值；

Y_t——第 t 期的实际观察值；

S_{t-N}——第 $t-1$ 期的一次指数平滑值，也就是第 t 期的预测值；

a——加权系数，$0 \leqslant a \leqslant 1$。

（2）a 值的选取。从式（2-11）可见，加权系数 a 取值的大小直接影响平滑值的计算结果。a 越大，其对应的观察值 Y_t 在 S_t 中所占的比重越高，所起的作用也越大。在实际应用中，选取 a 值应经过反复试算而确定。

4. 高低点法

高低点法是成本预测的一种常用方法，它是以统计资料中完成业务量（产量或产值）最高和最低两个时期的成本数据，通过计算总成本中的固定成本、变动成本和变动成本率来预测成本的。高低点法依据下列两个公式。

（1）

$$变动成本率 = \frac{最高点总成本 - 最低点总成本}{最高点产值 - 最低点产值}$$

即

$$b = \frac{Y_1 - Y_2}{X_1 - X_2} \tag{2-12}$$

（2）总成本＝固定成本＋变动成本

即

$$Y = a + bX \tag{2-13}$$

5. 量本利分析法

量本利分析全称为产量成本利润分析，用于研究价格、单位变动成本和固定成本总额等因素之间的关系。这是一项简单而适用的管理技术，用于施工项目成本管理中，可以分析项目的合同价格、工程量、单位成本及总成本相互关系，为工程决策阶段提供依据。

（1）量本利分析的基本原理。量本利分析法传统地是研究企业在经营中一定时期的成本、业务量（生产量或销售量）和利润之间的变化规律，从而对利润进行规划的一种技术方法。它是在成本划分为固定成本和变动成本的基础上发展起来的。以下举例来说明这个方法的原理。

① 量本利分析的基本数学模型。设某企业生产甲产品，本期固定成本总额为 C_1，单位售价为 P，单位变动成本为 C_2，并设销售量为 Q，销售收入为 Y，总成本为 C，利润为 TP，则成本、收入、利润之间存在以下的关系，即

$$C = C_1 + C_2 Q \tag{2-14}$$

$$Y = PQ \tag{2-15}$$

$$TP = Y - C = (P - C_2) Q - C_1 \tag{2-16}$$

② 盈亏分析图和盈亏平衡点。以纵轴表示收入与成本，以横轴表示销售量，建立坐标图，并分别在图上画出成本线和收入线，称之为盈亏分析图（图 2-3）。

从图 2-3 上看出，收入线与成本线的交点称之为盈亏平衡点或损益平衡点。在该点上，企业该产品收入与成本正好相等，即处于不亏不盈或损益平衡状态，也称为保本状态。

从图 2-3 上看出，收入线与成本线的交点称之为盈亏平衡点或损益平衡点。在该点上，企业该产品收入与成本正好相等，即处于不亏不盈或损益平衡状态，也称为保本状态。

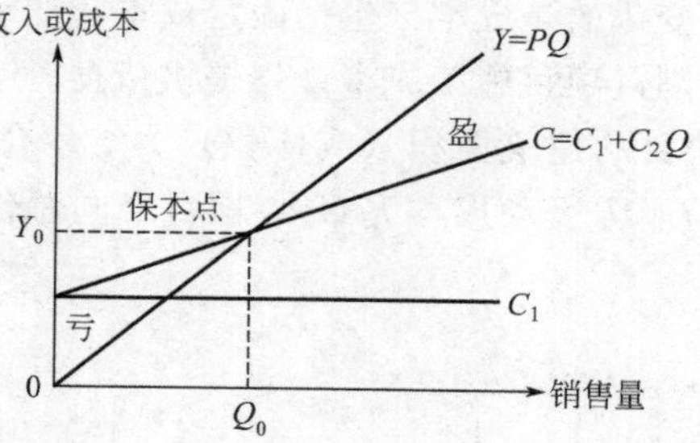

图 2-3 盈亏分析图

③ 保本销售量和保本销售收入。保本销售量和保本销售收入就是对应盈亏平衡点销售量 Q 和销售收入 Y 的值，分别以 Q_0 和 Y_0 表示。由于在保本状态下销售收入与生产成本相等，即

$$Y_0 = C_1 + C_2 Q_0$$

$$P \times Q_0 = C_1 + C_2 Q_0$$

$$Y_0 = P C_1 / (P - C_2) = \frac{C_1}{(P - C_2)/P} \tag{2-17}$$

式中，$(P - C_2)$ 亦称边际利润，$(P - C_2)/P$ 亦称边际利润率，则

保本销售量＝固定成本／（单位产品销售价－单位产品变动成本）

$$保本销售收入 = \frac{单位产品销售价 \times 固定成本}{单位产品销售价 - 单位产品变动成本} \tag{2-18}$$

（2）量本利分析的因素特征。

① 量。施工项目成本管理中，量本利分析的量不是一般意义上单件工业产品的生产数量或销售数量，而是指一个施工项目的建筑面积或建筑体积（以 S 表示）。对于特定的施工项目，由于建筑产品具有"期货交易"特征，所以其生产量即是销售量，且固定不变。

② 成本。量本利分析是在成本划分为固定成本和变动成本的基础上发展起来的，所以进行量本利分析首先应从成本性态入手，即把成本按其与产销量的关系分解为固定成本和变动成本。在施工项目管理中，就是把成本按是否随工程规模大小而变化划分为固定成本（以 C_1 表示）和变动成本（以 C_2 表示，这里指单位建筑面积变动成本）。

确定 C_1 和 C_2 往往很困难，这是由于变动成本变化幅度较大，而且历史资料的计算口径不同。一个简便而适用的方法，是建立以 S 为自变量，C（总成本）为因变量的回归方程（$C_1 + C_2 S$），通过历史工程成本数据资料（以计算期价格指数为基础）用最小二乘法计算回归系数值 C_1 和 C_2。

③ 价格。不同的工程项目其单位平方价格是不相同的，但在相同的施工期间内，同结构类型的项目的单位平方价格则是基本接近的。因此，施工项目成本管理量本利分析中可以按工程结构类型建立相应的盈亏分析图和量本利分析模型。某种结构类型项目的单方价格可按实际历史数据资料计算并按物价上涨指数修正，或者和计算成本一样建立回归方程求解。

④ 方法特征。与一般量本利分析方法不同的是：施工企业在建立了自己的各种结构类型工程的盈亏分析图之后，对于特定的施工项目来说，其量（建筑面积）是固定不变的，从

成本预测和定价方面考虑，变化的是成本（包括固定成本和变动成本）以及投标价。其作用在于为项目投标报价决策和制订项目施工成本计划提供依据。

⑤ 盈亏分析图。假设项目的建筑面积（或体积）为 S，合同单位平方造价为 P，施工项目的固定成本为 C_1，单位平方变动成本为 C_2，项目合同总价为 Y，项目总成本为 C，则盈亏分析图如图 2-4 所示。

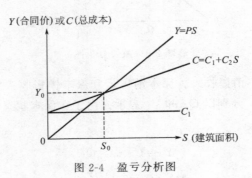

图 2-4　盈亏分析图

项目保本规模

$$S_0 = C_1 / (P - C_2) \qquad (2\text{-}19)$$

项目保本合同价

$$Y_0 = PC_1 / (P - C_2) \qquad (2\text{-}20)$$

6. 因素分解法

由于进行项目施工成本管理活动的前提是工程项目已经确定，在这个阶段，施工图纸已经设计完毕，采用工程量作基数，利用企业施工定额或参照国家定额进行成本预测的条件已经成熟，因此采用因素分解法（即消耗量×单价）确定项目施工责任成本就比较合适。

第三节　预测方法在园林施工成本管理中的应用

一、 不确定性分析在园林施工成本管理中的作用

不确定性是指人们对事物未来的状态不能确定地知道或掌握，也就是说人们总是对事物未来的发展与变化缺乏信息与充分的控制力。不确定性产生的原因是多种多样的，既有系统外部环境变化的原因，也有系统自身变化的原因，更有人的思想和行为变化的原因。

工程项目投资决策面对未来，而项目评价所采用的数据大部分来自估算和预测，有一定程度的不确定性。为了尽量避免投资决策失误，有必要进行不确定性分析。

所谓项目的不确定性分析，就是考查建设投资、经营成本、产品售价、销售量、项目寿命计算期等因素变化时对项目经济评价指标所产生的影响。这种影响越强烈，表明所评价的项目方案对某个或某些因素越敏感。对于这些敏感因素，要求项目决策者和投资者予以充分的重视和考虑。

1. 盈亏平衡分析

盈亏平衡分析也就是量本利分析，这里就不再叙述，只以例子来进一步阐明盈亏平衡分

析在园林工程施工项目成本管理中的应用。

（1）目标成本的分析

① 目标成本。一般指根据园林施工预算及同类项目成本情况确定的园林施工项目目标成本额，一般来说就是工程的预测成本。根据目标成本中固定成本和变动成本的组成，分析工料消耗和控制过程，寻找降低率。利用量本利分析模型可以分析和预测固定成本和变动成本的变化对目标成本的影响程度。

② 固定成本和变动成本的变化对目标成本的影响以例 2-1 来说明。

【例 2-1】　　计算出 K 园林工程的预测成本（目标成本）为 349266 元，其固定成本 138266 元，变动成本 211000 元。试分析固定成本和变动成本的变化对目标成本的影响。

【解】　　① 变动成本变化对目标成本影响预测如图 2-5（a）、（b）所示。

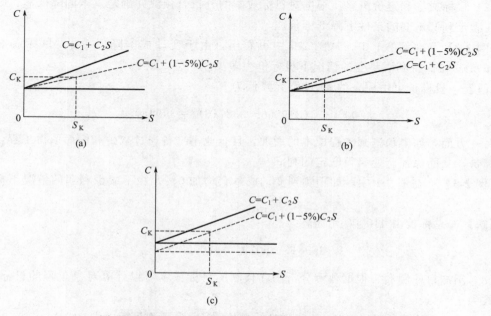

图 2-5　固定成本和变动成本的变化对目标成本的影响

设单方变动成本变化率为 a（增加为正，降低为负），则

$$目标成本\ C = C_1 + C_2\ (1+a)\ S$$

若设 $a = -5\%$，$C_K = 138266 + 211 \times (1-5\%) \times 1000 = 338716$ 元。

$$目标成本降低率 = (349266 - 338716)/349266 = 0.0302 = 3.02\%$$

若设 $a = 5\%$，$C_K = 138266 + 211 \times (1+5\%) \times 1000 = 359816$ 元。

$$目标成本降低率 = (349266 - 359816)/349266 = -3.02\%$$

② 固定成本变化对目标成本影响预测见图 2-5（c）。

设固定成本变化率为 β（增加为正，降低为负），则

$$目标成本\ C = C_1\ (1+\beta)\ + C_2 S$$

若设 $\beta = -5\%$，$C_K = 138266 \times (1-5\%) + 211 \times 1000 = 342353$ 元。

$$目标成本降低率 = (349266 - 342353)/349266$$

$$= 0.0197 = 1.97\%$$

③ 固定成本和变动成本变化对目标成本的影响分析。一般园林工程的变动成本远远高于其固定成本，因此寻求降低成本途径应从变动成本入手，取得的效益也比固定成本高。这从上面的实例计算中也可看出，变动成本降低 5% 使得总成本降低 3.02%，而固定成本降低 5% 仅使得总成本降低了 1.97%。另一方面，由于固定成本不随园林工程规模变化，它是保证项目实施必须投入的费用；而变动成本随着规模而变化，成本项目内容也广泛，因此降低变动成本比降低固定成本更易于实现。

（2）目标成本和定价策略。根据对目标成本的分析，预测并确定成本的降低额，则可以通过在满足利润不变的条件下降低标价。

【例 2-2】 在例 2-1 中，从图 2-5 中可看出，由于变动成本降低 5%，目标成本 $C = 338716$ 元。在保持利润不变的情况下投标价为多少？

【解】 投标价可由原来的 410000 元降低为

$$410000 - (349266 - 338716) = 399450 \text{ 元}$$

另一方面，如果预测到工程成本的增加，且企业不准备通过减少利润而取得工程，只有提高标价，从而保证企业赢得既定的利润。

【例 2-3】 在例 2-1 中，如预测到变动成本会增加 5%，在不减少利润的情况下标价为多少？

【解】 总标价由 410000 元提高为

$$359816 + 60734 = 420550 \text{ 元}$$

（3）预测目标利润。根据盈亏分析图和预测的目标成本可以计算对象工程的目标利润，其公式为

$$目标利润（TP）= 预测投标总价（Y）- 预测目标成本（C）$$

【例 2-4】 预测 K 园林工程的目标利润。

【解】 K 园林工程的目标利润（TP）$= 410000 - 349266 = 60734$ 元

（4）有目标利润的保本点计算。由于项目的规模不可能完全一样，因此不能用一个固定的目标利润。为便于量本利分析，可根据企业的经营状况和建筑市场行情确定各种结构类型项目的目标边际利润率来计算。目标边际利润率计算公式为

$$目标利润率（i）= 单位造价 P - 单位变动成本（C_2）/单方造价（P）$$

根据既定的目标边际利润率（i），可以确定工程的投标单价的最低额为

$$P = C_2/(1-i)$$

投标总价为

$$Y = C_2 S/(1-i)$$

根据企业确定的目标边际利润率，进行量本利分析，其盈亏分析图如图 2-6 所示。

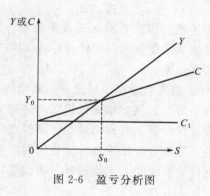

图 2-6　盈亏分析图

项目保本规模

$$S_0 = C(1-i)/(C_i)$$

项目保本合同价

$$Y_0 = C/i$$

2. 敏感性分析

敏感性分析是通过研究项目主要不确定因素发生变化时项目经济效果指标发生的相应变化，找出项目的敏感因素，确定其敏感程度，并分析该因素达到临界值时项目的承受能力。

（1）敏感性分析的目的。

① 确定不确定性因素在什么范围内变化方案的经济效果最好，在什么范围内变化效果最差，以便对不确定性因素实施控制。

② 区分敏感性大的方案和敏感性小的方案，以便选出敏感性小的，即风险小的方案。

③ 找出敏感性强的因素，向决策者提出是否需要进一步搜集资料进行研究，以提高经济分析的可靠性。

（2）敏感性分析的步骤。敏感性分析一般可按以下步骤进行。

① 选定需要分析的不确定因素。这些因素主要有产品产量（生产负荷）、产品售价、主要资源价格（原材料、燃料或动力等）、可变成本、投资、汇率等。

② 确定进行敏感性分析的经济评价指标。衡量项目经济效果的指标较多，敏感性分析的工作量较大，一般不可能对每种指标都进行分析，而只对几个重要的指标进行分析，如财务净现值、财务内部收益率、投资回收期等。由于敏感性分析是在确定性经济评价的基础上进行的，故选作敏感性分析的指标应与经济评价所采用的指标相一致，其中最主要的指标是财务内部收益率。

③ 计算因不确定因素变动引起的评价指标的变动值。一般就各选定的不确定因素设若干级变动幅度（通常用变化率表示），然后计算与每级变动相应的经济评价指标值，建立一一对应的数量关系，并用敏感性分析图或敏感性分析表的形式表示。敏感性分析图如图 2-7所示。图中每一条斜线的斜率反映内部收益率对该不确定因素的敏感程度，斜率越大敏感度越高。一张图可以同时反映多个因素的敏感性分析结果。每条斜线与基准收益率的相交点所对应的是不确定因素变化率，图中 C_1、C_2、C_3 等即为该因素的临界点。

④ 计算敏感度系数并对敏感因素进行排序。所谓敏感因素是指该不确定因素的数值有较小的变动就能使项目经济评价指标出现较显著改变的因素。敏感度系数的计算公式为

$$E = \Delta A / \Delta F \qquad (2\text{-}21)$$

式中　E——评价指标 A 对于不确定因素 F 的敏感度系数；

　　　ΔA——不确定因素 F 发生 ΔF 变化率时评价指标 A 的相应变化率，%；

　　　ΔF——不确定因素 F 的变化率，%。

⑤ 计算变动因素的临界点。临界点是指项目允许不确定因素向不利方向变化的极限值。超过极限，项目的效益指标将不可行。例如当建设投资上升到某值时，财务内部收益率将刚好等于基准收益率，此点称为建设投资上升的临界点。临界点可用临界点百分比或者临界值分别表示某一变量的变化达到一定的百分比或者一定数值时，项目的评价指标将从可行转变为不可行。临界点可用专用软件计算，也可由敏感性分析图直接求得近似值。

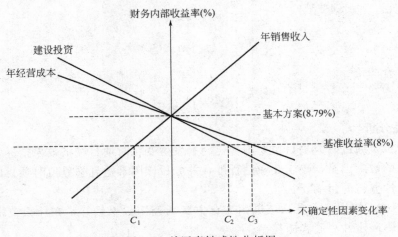

图 2-7　单因素敏感性分析图

根据项目经济目标，如经济净现值或经济内部收益率等所作的敏感性分析叫经济敏感性分析。根据项目财务目标所作的敏感性分析叫作财务敏感性分析。依据每次所考虑的变动因素数目的不同，敏感性分析又分单因素敏感性分析和多因素敏感性分析。

（3）单因素敏感性分析。每次只考虑一个因素的变动，而让其他因素保持不变时所进行的敏感性分析，叫作单因素敏感性分析。

【例 2-5】　设某项目基本方案的参数估算值见表 2-1，试进行敏感性分析（基准收益率 $i_c = 8\%$）。

表 2-1　基本方案的参数估算表

因素	建设投资 i/万元	年销售收入 B/万元	年经营成本 C/万元	期末残值 L/万元	寿命 n/年
估算值	1500	600	250	200	6

【解】　① 以年销售收入 B、年经营成本 C 和建设投资 A 为拟分析的不确定因素。

② 选择项目的财务内部收益率为评价指标。

③ 作出基本方案的现金流量表，见表 2-2。

方案的财务内部收益率 $FIRR$ 由下式确定，即

$$-I(1+FIRR)^{-1} + (B-C)\sum_{t=2}^{5}(1+FIRR)^{-1} + (B+L-C)(1+FIRR)^{-6} = 0$$

$$-1500(1+FIRR)^{-1}+350\sum_{t=2}^{5}(1+FIRR)^{-1}+550\times(1+FIRR)^{-6}=0$$

采用试算法得

表2-2 基本方案的现金流量表

年份	1	2	3	4	5	6
1. 现金流入/万元		600	600	600	600	800
1.1年销售收入/万元		600	600	600	600	600
1.2期末残值回收/万元						200
2. 现金流出/万元	1500	250	250	250	250	250
2.1建设投资/万元	1500					
2.1年经营成本/万元		250	250	250	250	250
3. 净现金流量/万元	−1500	350	350	350	350	550

$$FNPV(i=8\%)=31.08\text{万元}>0$$

$$FNPV(i=9\%)=-7.92\text{万元}<0$$

采用线性内插法可求得

$$FIRR=8\%+\frac{31.08}{31.08+7.92}(9\%-8\%)=8.79\%$$

④ 计算销售收入、经营成本和建设投资变化对财务内部收益率的影响，结果见表2-3。

表2-3 因素变化对财务内部收益率的影响　　单位:%

不确定因素	变化率				
	−10%	−5%	基本方案	+5%	+10%
销售收入	3.01	5.94	8.79	11.58	14.30
经营成本	11.12	9.96	8.79	7.61	6.42
建设投资	12.70	10.67	8.79	7.06	5.45

财务内部收益率的敏感性分析图如图2-7所示。

⑤ 计算方案对各因素的敏感度。平均敏感度的计算公式如下，即

$$\beta=\frac{\text{评价指标变化的幅度（\%）}}{\text{不确定因素变化的幅度（\%）}}$$

对于方案而言

$$\text{年销售收入平均敏感度}=\frac{14.30-3.01}{20}=0.56$$

$$\text{年经营成本平均敏感度}=\frac{6.42-11.12}{20}=0.24$$

$$\text{建设投资平均敏感度}=\frac{5.45-12.70}{20}=0.36$$

各因素的敏感程度排序为：年销售收入→建设投资→年经营成本。

3. 概率分析

概率分析是通过研究各种不确定因素发生不同幅度变动的概率分布及其对方案经济效果的影响，对方案的净现金流量及经济效果指标作出某种概率描述，从而对方案的风险情况作出比较准确的判断。例如，我们可以用经济效果指标 $FNPV \leqslant 0$ 发生的概率来度量项目将承担的风险。

（1）概率分析及其步骤。项目的风险来自影响项目效果的各种因素和外界环境的不确定性。利用敏感性分析可以知道某因素变化对项目经济指标有多大的影响，但无法了解这些因素发生这样变化的可能性有多大，而概率分析可以做到这一点。故有条件时，应对项目进行概率分析。概率分析又称风险分析，是利用概率来研究和预测不确定因素对项目经济评价指标的影响的一种定量分析方法。一般做法是，首先预测风险因素发生各种变化的概率，将风险因素作为自变量，预测其取值范围和概率分布，再将选定的经济评价指标作为因变量，测算评价指标的相应取值范围和概率分布，计算评价指标的数学期望值和项目成功或失败的概率。利用这种分析可以弄清楚各种不确定因素出现的某种变化，建设项目获得某种利益或达到某种目的的可能性的大小，或者获得某种效益的把握程度。概率分析一般按下列步骤进行。

① 选定一个或几个评价指标。通常是将内部收益率、净现值等作为评价指标。

② 选定需要进行概率分析的不确定因素。通常有产品价格、销售量、主要原材料价格、投资额以及外汇汇率等。针对项目的不同情况，通过敏感性分析选择最为敏感的因素作为概率分析的不确定因素。

③ 预测不确定因素变化的取值范围及概率分布。单因素概率分析是设定一个因素变化，其他因素均不变化，即只有一个自变量；多因素概率分析是设定多个因素同时变化，对多个自变量进行概率分析。

④ 根据测定的风险因素取值和概率分布，计算评价指标的相应取值和概率分布。

⑤ 计算评价指标的期望值和项目可接受的概率。

⑥ 分析计算结果，判断其可接受性，研究减轻和控制不利影响的措施。

（2）概率分析的方法。概率分析的方法有很多，这些方法大多是以园林项目经济评价指标（主要是 NPV）的期望值的计算过程和计算结果为基础的。这里仅介绍项目净现值的期望值和决策树法，计算项目净现值的期望值及净现值大于或等于零时的累计概率，以判断项目承担风险的能力。

① 净现值的期望值。期望值是用来描述随机变量的一个主要参数。所谓随机变量就是这样一类变量，我们能够知道其所有可能的取值范围，也知道它取各种值的可能性，但却不能肯定它最后确切的取值。比如说有一个变量 X，我们知道它的取值范围是 0、1、2，也知道 X 取值 0、1、2 的可能性分别是 0.3、0.5 和 0.2，但是究竟 X 取什么值却不知道，那么 X 就称为随机变量。从随机变量的概念上来理解，可以说在投资项目经济评价中所遇到的大多数变量因素，如投资额、成本、销售量、产品价格、项目寿命期等，都是随机变量。我们可以预测其未来可能的取值范围，估计各种取值或值域发生的概率，但不可能肯定地预知它们取什么值。投资方案的现金流量序列是由这些因素的取值所决定的，所以方案的现金流量序列实际上也是随机变量，而以此计算出来的经济评价指标也是随机变量，由此可见项目

净现值也是一个随机变量。

从理论上讲，要完整地描述一个随机变量，需要知道它的概率分布的类型和主要参数，但在实际应用中，这样做不仅非常困难，而且也没有太大的必要。因为在许多情况下，我们只需要知道随机变量的某些主要特征就可以了，在这些随机变量的主要特征中，最重要也是最常用的就是期望值。

期望值是在大量重复事件中随机变量取值的平均值，换句话说，是随机变量所有可能取值的加权平均值，权重为各种可能取值出现的概率。

一般来讲，期望值的计算公式可表达为：

$$E(X) = \sum_{i=1}^{n} x_i P_i \qquad (2-22)$$

式中　$E(X)$——随机变量 X 的期望值；

x_i——随机变量 X 的各种取值；

P_i——X 取值 x_i 时所对应的概率值。

根据式（2-22）可以很容易地推导出项目净现值的期望值计算公式，即

$$E(NPV) = \sum_{i=1}^{n} NPV_i P_i \qquad (2-23)$$

式中　$E(NPV)$——NPV 的期望值；

NPV_i——各种现金流量情况下的净现值；

P_i——对应于各种现金流量情况的概率值。

净现值的期望值在概率分析中是一个非常重要的指标，在对项目进行概率分析时，一般都要计算项目净现值的期望值及净现值大于或等于零时的累计概率。累计概率越大，表明项目承担的风险越小。

② 决策树法。这是在已知各种情况发生概率的基础上，通过构成决策树来求取净现值的期望值大于等于零的概率，评价项目风险、判断其可行性的决策分析方法。它是直观运用概率分析的一种图解方法。决策树法特别适用于多阶段决策分析。

决策树一般由决策点、机会点、方案枝、概率枝等组成。其绘制方法如下：首先确定决策点，决策点一般用"□"表示；然后从决策点引出若干条直线，代表各个备选方案，这些直线称为方案枝；方案枝后面连接一个"○"称为机会点；从机会点画出的各条直线称为概率枝，代表将来的不同状态，概率枝后面的数值代表不同方案在不同状态下可获得的收益值。为了便于计算，对决策树中的"□"（决策点）和"○"（机会点）均进行编号。编号的顺序是从左到右，从上到下。

画出决策树后，就可以很容易地计算出各个方案的期望值并进行比选。决策树法也可用于一般的概率分析，即用于判断项目的可行性及所承担的风险的大小。

二、　详细预测法在园林施工成本管理中的应用

这种预测方法，通常是对园林施工项目计划工期内影响其成本变化的各个因素进行分析，比照最近期已完工施工项目或将完工施工项目的成本（单位面积成本或单位体积成本），预测这些因素对园林工程成本中有关项目（成本项目）的影响程度，然后用比重法进行计

算，预测出工程的单位成本或总成本，以下例来说明。

1. **最近期类似园林施工项目的成本调查或计算** 通过对类似园林施工项目近期成本的调查和计算以预测本工程的成本。

2. **结构和建筑上的差异修正**

由于建筑产品的特殊性，每项园林工程无论结构和建筑设计上都有所区别，这就是说利用最近期类似园林工程成本作为本工程的初始预测成本必须对其进行必要的修正，即应考虑两个方面：一是对象工程与参照工程结构上的差异；二是对象工程与参照工程建筑上的差异。修正公式为

$$对象工程总成本 = 参照工程单方成本 \times 对象工程建筑面积$$

$$+ \sum [结构或建筑上不同部分的量 \times (对象工程该部分的单位成本$$

$$- 参照工程该部分的单位成本)] \tag{2-24}$$

或

$$对象工程单方成本 = 参照工程单方成本 + \sum [结构或建筑上不同$$

$$部分的量 \times (对象工程该部分的单位成本$$

$$- 参照工程该部分的单位成本)]$$

$$/对象工程建筑面积 \tag{2-25}$$

式中，如果参照工程有的部分对象工程没有，则对象工程该部分单位成本取值为0；反之，则参照工程有关部分的单位成本取0。

3. **预测影响工程成本的因素**

园林工程施工过程中受到众多因素的干扰，必须分析对象工程成本的影响因素，并确定影响程度，对估计出的成本加以修正，使其与实际成本更加接近，在园林工程施工管理中发挥作用。在园林工程施工过程中，影响园林工程成本的主要因素可以概括为以下几方面。

（1）材料消耗定额增加或降低。这里材料包括燃料、动力等。由于采用新材料或材料代用，引起材料消耗的降低或者采用新工艺、新技术或新设备，降低了必要的工艺性损耗以及对象工程与类似工程材料级别不同时消耗定额和单价之差引起的综合影响等。

（2）物价上涨或下降。园林工程成本的变化最重要的一个影响因素是物价的变化。有些园林工程成本超支的主要原因就是由于物价大幅度上涨，实行固定总价合同的工程往往会因此而亏本。

（3）劳动力工资的增长。劳动力工资（包括奖金、附加工资等）的增长不可避免地使得工程成本增加，包括由于工期紧而增加的加班工资。

（4）劳动生产率的变化。工人素质的增强或者是采用新的工艺，提高了劳动生产率，节省了施工总工时数，从而降低了人工费用；另一方面，可能由于园林工程所在地地理和气候环境的影响，或施工班组工人素质与类似工程相比较低，使劳动生产率下降，从而增加了施工总工时数和人工费用。

（5）措施费的变化。措施费包括园林施工过程中发生的材料二次搬运费、临时设施费、环境保护、文明施工、安全施工、夜间施工等费用。这些费用，对于不同的园林工程，其发生的实际费用也不同。在预测成本时，要根据对象工程与基于计算的参照工程之间在措施费上的差别进行修正。

（6）间接费用的变化。间接费用是项目管理人员及企业各职能部门在该施工项目上所发生的全部费用。这部分费用和措施费一样，不同园林工程之间也会不同。如园林工程规模不同，园林施工项目上管理人员人数也不同，其管理人员工资、奖金以及职工福利费等也都有差别。

三、 预测影响因素的影响程度

预测各因素的影响程度就是预测各因素的变化情况，再计算其对成本中有关项目的影响结果。

（1）预测各因素的变化情况。各因素变化情况预测方法的选择，可根据各因素的性质以及历史工程资料情况，并适应及时性的要求而决定。一般来讲，各因素适用预测方法如下。

① 材料消耗定额变化，适用经验估计方法和时间序列分析法。

②材料价格变化，适用时间序列分析法、回归分析法和专家调查法。

③ 职工工资变化，适用时间序列分析法和专家调查法。

④ 劳动生产率变化，适用时间序列分析和经验估计法。

⑤ 措施费变化，适用经验估计和统计推断法。

⑥ 间接费用变化，适用经验估计和回归预测法。

（2）计算各因素对成本的影响程度。各因素对成本影响程度分别用下列公式计算：

① 材料消耗定额变化而引起的成本变化率（γ_1）＝材料费占成本的百分比×

材料消耗定额变化的百分比　　　　　　　　　　　　　　　　（2-26）

② 材料价格变化而引起的成本变化率（γ_2）＝材料费占成本的百分比×

（1－材料消耗定额）变化的百分比×材料平均价格变化　　　　　（2-27）

③ 劳动生产率变化而引起的成本变化率（γ_3）＝人工费占成本的百分比

／（1＋劳动生产率变化的百分比）－1　　　　　　　　　　　（2-28）

④ 劳动力工资增长而引起的成本变化率（γ_4）＝人工费占成本的百分比×

平均工资增长的百分比／（1＋劳动生产率变化的百分比）　　　　（2-29）

⑤ 措施费变化引起的成本变化率（γ_5）＝措施费占成本的百分比×

措施费的变化的百分比　　　　　　　　　　　　　　　　（2-30）

⑥ 间接费变化引起的成本变化率（γ_6）＝间接费占成本的百分比×

间接费变化的百分比　　　　　　　　　　　　　　　　（2-31）

计算成本构成的项目在成本中所占的比率，计算方法如下：一是采用参照工程的成本构成比率；二是采用历史同类工程的成本构成比率进行统计平均。

第四节　园林施工成本的决策

一、园林施工成本决策的概念

园林施工成本决策是对施工生产活动中与成本相关的问题作出判断和选择的过程。园林施工生产活动中的许多问题涉及成本，成本控制有多种解决的方法和措施。为了提高各项施工活动的可行性和合理性，为了提高成本控制方法和措施的有效性，园林项目管理和成本控制过程中需要对涉及成本的有关问题作出决策。园林施工成本决策是园林施工成本控制的重要环节，也是成本控制的重要职能，贯穿于施工生产的全过程。园林施工成本决策的结果直接影响到未来的工程成本，正确的成本决策对成本控制极为重要。

二、园林施工成本决策的目标

1. 园林施工成本决策目标的概述

园林施工成本决策的目标既是成本决策的出发点，又是成本决策的归宿点。总体而言，园林施工成本决策的目标是选择符合预期质量标准和工期要求的低成本方案。在决策过程中，由于所要解决的具体问题有所差别，其目标又有不同的表现形式。如对成本变动不影响收入的决策，成本决策目标可以简化为成本最低；对于收入、成本均取决于成本决策结果的项目，则需要将成本变动与收入变动联系起来。就园林施工成本决策的目标来考虑，不能简单地强调成本最低。特别是当企业为了增强竞争实力、保持竞争优势、追求长期效益最大时，成本是相关问题的一个方面，要将成本与环境、经济资源、竞争等因素结合起来考虑。

2. 园林施工成本决策目标的标准

成本决策中的判断标准是评价有关备选方案优劣程度的尺度，也是衡量决策目标实现程度的尺度。从理论上讲，评价备选方案优劣的标准应与决策目标一致。在成本决策中，评价方案优劣的标准有以下几方面：

（1）成本最低。成本最低是成本决策中常用的判断标准，它要求决策者从若干个备选方案中选择出预期成本最低的方案作为决策的结果。其适用于收入既定、成本决策结果只影响成本而不影响收入等其他因素的成本决策项目，如结构件是自制还是外购的决策。

在具体决策时，可灵活使用成本指标。当有关备选方案没有固定成本，只有变动成本时，或者既有固定成本，又有变动成本，但固定成本数额相等，则衡量各方案优劣程度的标准可简化为该方案的变动成本，即预期变动成本总额最小的可行性方案为最满意方案。但当有关备选方案既有固定成本，又有变动成本，且固定成本不一致时，衡量各方案优劣程度的成本标准应是方案的总成本，即预期总成本最小的可行性方案为最满意方案。

必须特别指出的是，在以成本最低为标准进行方案的抉择时，不论是以总成本为判断标准，还是以变动成本为判断标准，都必须强调成本的相关性，注意不同备选方案成本信息的可比性，否则抉择分析结论的正确性将会受到影响，有时还会作出错误的判断。

（2）利润最大。当成本决策结果不但决定未来成本水平，还会影响预计收入状况时，如是否加班加点，在决策时不仅需要考察方案的相关成本，还应密切关注与之相关的收入，以相关收入与相关成本的差额，即利润作为判断标准，要求决策者从若干个备选方案中选择出预期利润最大的方案作为决策的结果。在分析方案时，要注意各方案的利润均应根据该方案相关的预计收入与预计成本的差额计算。

（3）竞争优势。施工企业在其发展壮大阶段，为实现势力扩张、提高市场占有份额、增强竞争实力、保持竞争优势，往往以影响企业能否长期生存发展的竞争优势作为判断标准进行方案的选择。此外，还尽可能地考虑那些对企业产生重要影响的不可计量经济因素和非经济因素，一并作为判断标准，以选取足够好的方案。

三、 园林施工成本决策的程序

（1）认识分析问题。
（2）明确园林施工成本目标。
（3）情报信息收集与沟通。
（4）确认可行的替代方案。
（5）选择判断最佳方案的标准。
（6）建立成本、方案、数据和成果之间的相互关系。
（7）预测方案结果并优化。
（8）选择达到成本最低的最佳方案。
（9）决策方案的实施与反馈。

四、 园林施工成本决策的方法

1. 定型化决策

定型化决策是在事物的客观自然状态完全肯定状况下所作出的决策，具有一定的规律性。其方法比较简单，如单纯择优法（即直接择优决策方法）。

定型化决策看起来似乎很简单，有时也并不尽然，因为决策人所面临的可供选择的方案数量可能很大，从中选择出最优方案往往很不容易。例如一部邮车从一个城市到另外 10 个城市巡回一趟，其路线就有 $10 \times 9 \times 8 \times \cdots \times 3 \times 2 \times 1 = 3628800$ 条，要解决从中找出最短路线的问题，必须运用线性规划的数学方法才能解决。

2. 非定型化决策

非定型化决策的特点如下。
（1）决策者期望达到一定的目标。
（2）被决策的事物具有两种以上客观存在的自然状态。
（3）各种自然状态可以用定量数据反映其损益值。
（4）具有可供决策人选择的两个以上方案。

3. 风险型决策

风险型决策方法除具有非定型决策的四个特点外，还有一个很重要的特点，即决策人对未来事物的自然状态变化情况不能肯定（可能发生，也可能不发生），但知道自然状态可能发生的概率情况下的决策。风险型决策中自然状态发生的概率为：

$$0 \leqslant P_i (Y_i) \leqslant 1$$

$$\sum_{i=1}^{N} P(Y_i) = 1 \qquad (2\text{-}32)$$

式中 Y_i——出现第 i 种情况的损益数值；

      P_i——第 i 种状态发生的概率；

      N——自然状态数目。

由于这种决策问题引入了概率的概念，是属于非确定的类型，所以这种决策具有一定的风险性。

风险情况下的决策标准主要有三个：期望值标准、合理性标准和最大可能性标准。

（1）期望值标准。损益期望值是按事件出现的概率而计算出来的可能得到的损益数值，并不是肯定能够得到的数值，所以叫作期望值。期望值的计算公式如下，即

$$V = \sum_{i=1}^{N} Y_i P_i \qquad (2\text{-}33)$$

式中 V——期望值；

      P_i——第 i 种状态发生的概率；

      Y_i——出现第 i 种情况的损益数值。

用期望值标准来进行决策，就是以决策问题的损益表为基础，计算出每个方案的期望值，选择收益最大或损失最小的方案作为最优方案。

（2）合理性标准。它主要是在可参考的统计资料缺乏或不足的情况下而采取的一种办法。正因为缺乏足够的统计资料，所以难以确切估计自然状态出现的概率，于是假设各自然状态发生的概率相等。如果有 n 个自然状态，那么各个自然状态的概率就为 $1/n$。这种假设的理由是不充分的，所以一般又把它叫作理由不充分原理。

（3）最大可能性标准。就是选择自然状态中事件发生的概率最大的一个，然后找出在这种状态下收益值最大的方案作为最优方案。

4. 决策树

决策树是图论中树图用于决策的一种工具，它是以树的生长过程的不断分枝来表示事件发生的各种可能性，应用期望值准则来剪修以达到择优目的的一种决策方法。当未来成本的发生水平存在两种以上的可能结果时，可采取决策树方法进行决策。

（1）决策树的基本结构形式。决策树是决策者对园林施工成本决策问题未来发展情况的可能性和可能结果所作出的预测在图形上的反映，其基本结构形式如图 2-8 所示。

（2）运用决策树的方法步骤。

① 绘制决策树，并对决策点及自然状态点从左至右、从上至下编号。

② 根据期望值准则，从右至左逆着编号计算每个方案的期望值。

③ 对各方案的期望值进行比较，剪去期望值较差的分枝，最后留下的一枝即为最优方案。

五、 园林施工成本决策的内容

1. 短期成本决策

长期成本决策和短期成本决策的时间界限因园林施工项目的特点不同而有所不同，通常

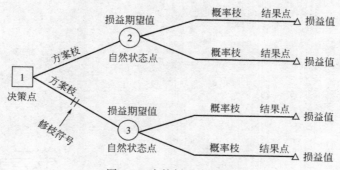

图 2-8　决策树基本结构

以一年为标准。短期成本决策是对未来一年内有关成本问题作出的决策，其所涉及的大多是项目在日常园林施工生产过程中与成本相关的内容，通常对项目未来经营管理方向不产生直接影响，故短期成本决策又被称为战术性决策。与短期成本决策有关的因素基本上是确定的。因此，短期成本决策大多属于确定型决策和重复性决策。

（1）采购环节的短期成本决策，如不同等级材料的决策、经济采购批量的决策等。

（2）施工生产环节的短期成本决策，如结构件是自制还是外购的决策、经济生产批量的决策、分派追加施工任务的决策、施工方案的选择、短期成本变动趋势预测等。

（3）工程价款结算环节的短期成本决策，如结算方式、结算时间的决策等。上述内容仅是就成本而言的。园林施工成本决策过程中，还涉及成本与收入、成本与利润等方面的问题，如特殊订货问题等。

2. 长期成本决策

它是指对成本产生影响的时间长度超过一年以上的问题所进行的决策，一般涉及诸如园林施工规模、机械化施工程度、工程进度安排、施工工艺、质量标准等与成本密切相关的问题。这类问题涉及的时间长、金额大、对企业的发展具有战略意义，故又称为战略性决策。与长期成本决策有关的因素通常难以确定，大多数属于不确定决策和一次性决策。

（1）园林施工方案的决策。园林工程施工方案是对园林施工成本有着直接、重大影响的长期决策行为。施工方案牵涉面广，不确定性因素多，对项目未来的工程成本将在相当长的时间内造成重大的影响。

（2）进度安排和质量标准的决策。园林施工工程进度的快慢和质量标准的高低也直接、长期影响着园林工程成本。在决策时应通盘考虑，要贯穿目标成本管理思想，在达到业主的工期和质量要求的前提下力求降低成本。

第三章

→ 园林施工成本计划

园林施工成本计划概述

一、 园林施工成本计划的概念

园林施工成本费用计划是在多种成本费用预测的基础上，经过分析、比较、论证、判断之后，以货币形式预先规定计划期内园林施工的耗费和成本所要达到的水平，并且确定各个成本项目比预计要达到的降低额和降低率，提出保证成本费用计划实施所需要的主要措施方案。它是进行成本费用控制的主要依据。

园林施工成本计划是项目全面计划管理的核心。其内容涉及园林项目范围内的人、财、物和项目管理职能部门等方方面面，是受企业成本计划制约而又相对独立的计划体系，并且园林施工项目成本计划的实现又依赖于项目组织对生产要素的有效控制。项目作为基本的成本核算单位，就更加有利于园林项目成本计划管理体制的改革和完善，更有利于解决传统体制下园林施工预算与计划成本、园林施工组织设计与项目成本计划相互脱节的问题，为改革施工组织设计、创立新的成本计划体系提供了有利条件和环境。改革、创新的主要措施，就是将编制项目质量手册、施工组织设计、施工预算或项目计划成本、园林工程成本计划有机结合，形成新的项目计划体系，将工期、质量、安全和成本目标高度统一，形成以项目质量管理为核心，以施工网络计划和成本计划为主体，以人工、材料、机械设备和施工准备工作计划为支持的项目计划体系。

二、 园林施工成本计划的特征

1. 园林施工成本计划是积极主动的

成本计划不再仅仅是被动地按照已确定的技术设计、工期、实施方案和施工环境来预算园林工程的成本，更应该包括进行技术经济分析，从总体上考虑项目工期、成本、质量和实施方案之间的相互影响和平衡，以寻求最优的解决途径。

2. 园林施工成本计划是全过程的管理

项目不仅在计划阶段进行周密的成本计划，而且要在实施过程中将成本计划和成本控制合为一体，不断根据新情况，如园林工程设计的变更、施工环境的变化等，随时调整和修改计划，预测园林施工结束时的成本状况以及项目的经济效益，形成一个动态控制过程。

3. 采用全寿命周期理论进行园林施工成本计划

成本计划不仅针对建设成本，还要考虑运营成本的高低。在通常情况下，对园林施工的功能要求高、建筑标准高，则园林施工过程中的工程成本增加，但今后使用期内的运营费用会降低；反之，如果园林工程成本低，则运营费用会提高。这就在确定成本计划时产生了争执，于是通常通过对项目全寿命期作总经济性比较和费用优化来确定项目的成本计划。

4. 成本计划的目标不仅是园林建设成本的最小化，同时必须与项目盈利的最大化相统一

盈利的最大化经常是从整个项目的角度分析的。如经过对项目的工期和成本的优化选择一个最佳的工期，以降低成本，但是，如果通过加班加点适当压缩工期，使得项目提前竣工投产，根据合同获得的奖金高于工程成本的增加额，这时成本的最小化与盈利的最大化并不一致，但从项目的整体经济效益出发，提前完工是值得的。

三、 园林施工成本计划的组成

1. 直接成本计划

（1）总则。包括对园林施工项目的概述，项目管理机构及层次介绍，有关园林工程的进度计划、外部环境特点。对合同中有关经济问题的责任，成本计划编制中依据其他文件及其他规格所作的计划也均应作总则内容。

（2）目标及核算原则。包括园林施工降低成本计划及计划利润总额、投资和外汇总节约额（如有的话）、主要材料和能源节约额、货款和流动资金节约额等。核算原则系指参与项目的各单位在成本、利润结算中采用何种核算方式，如承包方式、费用分配方式、会计核算原则（权责发生制与收付实现制）、结算款所用币种币制等。

（3）成本计划总表。园林施工项目主要部分的分部成本计划，如园林施工部分，编写园林施工成本计划，按直接费、间接费、计划利润的合同中标数、计划支出数、计划降低额分别填入。如有多家单位参与施工时，要分单位编制后再汇总。

（4）成本计划中计划支出数估算过程的说明。对材料、人工、机械费、运费等主要支出项目加以分解。以材料费为例，应说明钢材等主要材料和加工预制品的计划用量、价格，模板摊销列入成本的幅度，脚手架等租赁用品计划付多少款，材料采购发生的成本差异是否列入成本等。

（5）计划降低成本的来源分析。反映项目管理过程计划采取的增产节约、增收节支和各项措施及预期效果。

2. 间接成本计划

它主要反映园林施工现场管理费用的计划数、预算收入数及降低额。间接成本计划应根据园林工程项目的核算期，以项目总收入费的管理费为基础，制订各部门费用的收支计划，汇总后作为园林工程项目的管理费用的计划。在间接成本计划中，收入应与取费口径一致，支出应与会计核算中管理费用的二级科目一致。间接成本计划的收支总额应与项目成本计划中管理费一栏的数额相符。各部门应按照节约开支、压缩费用的原则，制订"管理费用归口包干指标落实办法"，以保证该计划的实施。

四、 园林施工成本计划的作用和意义

1. 园林施工成本计划的作用

（1）是对生产耗费进行控制、分析和考核的重要依据。

（2）是编制核算单位其他有关生产经营计划的基础。

（3）是国家编制国民经济计划的一项重要依据。

（4）可以动员全体职工深入开展增产节约、降低产品成本的活动。

（5）是建立企业成本管理责任制、开展经济核算和控制生产费用的基础。

2. 园林施工成本计划的意义

（1）园林施工成本计划是园林施工成本管理的一个重要环节，是实现降低园林施工成本任务的指导性文件。

（2）园林施工成本计划是园林施工成本预测的继续。

（3）园林施工成本计划的过程是一次动员园林施工经理部全体职工挖掘降低成本潜力的过程，也是检验施工技术质量管理、工期管理、物资消耗和劳动力消耗管理等效果的全过程。

第二节　园林施工成本计划的编制

一、 园林施工成本计划编制的依据

1. 成本费用估算

由于园林项目的中标造价在中标前是以概预算的数据库为基础计算得到的，因此中标后其中的直接费数据对园林施工阶段的成本控制仍具有意义，即施工图预算应是园林施工成本控制的基础。施工图预算不仅是中标的前提条件，也是整个施工期采取一切成本控制手段的依据。如采用概预算定额计价，预算数据按单位工程取费汇总，因此此时的成本数据应按分部分项工程划分；如按工程量清单方式计价，则可直接采用分部分项成本数据。

2. 工作分解结构

工作分解结构不仅是费用估算的依据，同时也是编制成本费用计划的重要依据。工作分解结构不是目的而是手段，它是为费用目标的分解服务的。

3. 项目的进度计划

项目费用计划的编制与项目进度计划的编制、进度目标的确定也是密切相关的。在FIDIC条款下，承包商最迟要到验工计价后56天才能得到付款。如果业主不提供预付款的话，在园林工程实施的早期，承包商必须自备较大数额的流动资金。如果成本费用计划不依据进度计划制订，往往会导致在项目实施中由于资金筹措不及时而影响进度，或由于资金筹措过早而增加利息支付。

4. 在园林施工成本计划中还要考虑的因素

（1）园林施工项目与公司签订的项目经理责任合同，其中包括园林施工责任成本指标及

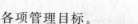

各项管理目标。

（2）根据施工图计算的工程量及参考定额。

（3）施工组织设计及分部分项施工方案。

（4）劳务分包合同及其他分包合同。

（5）项目岗位成本责任控制指标。

二、 园林施工成本计划编制的原则

1. 合法性原则

编制园林施工成本计划时，必须严格遵守国家的有关法令、政策及财务制度的规定，严格遵守成本开支范围和各项费用开支标准，任何违反财务制度的规定、随意扩大或缩小成本开支范围的行为，必然使计划失去考核实际成本的作用。

2. 统一领导、 分级管理原则

编制成本计划，应按照统一领导、分级管理的原则，采取走群众路线的工作方法，应在项目经理的领导下，以财物和计划部门为中心，发动全体职工总结降低成本的经验，找出降低成本的正确途径，使成本计划的制订和执行具有广泛的群众基础。

3. 先进可行性原则

成本计划既要保持先进性，又必须现实可行，否则就会因计划指标过高或过低而使之失去应有的作用。这就要求编制成本计划必须以各种先进的技术经济定额为依据，并针对园林施工的具体特点采取切实可行的技术组织措施做保证。只有这样，才能使制订的成本计划既有科学根据，又有实现的可能；也只有这样，成本计划才能起到促进和激励的作用。

4. 可比性原则

成本计划应与实际成本、前期成本保持可比性。为了保证成本计划的可比性，在编制计划时应注意所采用的计算方法应与成本核算方法保持一致（包括成本核算对象，成本费用的汇集、结转、分配方法等）。只有保证成本计划的可比性，才能有效地进行成本分析，才能更好地发挥成本计划的作用。

5. 弹性原则

编制成本计划，应留有充分余地，保持计划具有一定的弹性。在计划期内，项目经理部的内部或外部的技术经济状况和供产销条件很可能发生一些在编制计划时所未预料的变化，尤其是材料的市场价格。只有充分考虑这些变化的发展，才能更好地发挥成本计划的责任。

6. 从实际情况出发的原则

编制成本计划必须从企业的实际情况出发，充分挖掘企业内部潜力，使降低成本指标既积极可靠，又切实可行。园林施工管理部门降低成本的潜力在于正确选择施工方案，合理组织施工，提高劳动生产率，改善材料供应，降低材料消耗，提高机械设备利用率，节约施工管理费用等。但要注意，不能为降低成本而偷工减料，忽视质量，不对机械设备进行必要的维护修理，片面增加劳动强度，加班加点，或减掉合理的劳保费用，忽视安全工作。

7. 与其他计划结合的原则

编制成本计划必须与园林施工的其他各项计划如施工方案、生产进度、财务计划、资料供应及耗费计划等密切结合，保持平衡，即成本计划一方面要根据园林施工的生产、技术组织措施、劳动工资、材料供应等计划来编制；另一方面又影响着其他各种计划指标。在制订其他计划时，应考虑适当降低成本与成本计划密切配合，而不能单纯考虑每一种计划本身的需要。

三、 园林施工成本计划编制的程序

编制成本计划的程序因园林工程的规模大小、管理要求不同而不同。大中型项目一般采用分级编制的方式，即先由各部门提出部门成本计划，再由项目经理部汇总编制全项目工程的成本计划；小型项目一般采用集中编制方式，即由项目经理部先编制各部门成本计划，再汇总编制全项目的成本计划。其编制程序如图 3-1 所示。

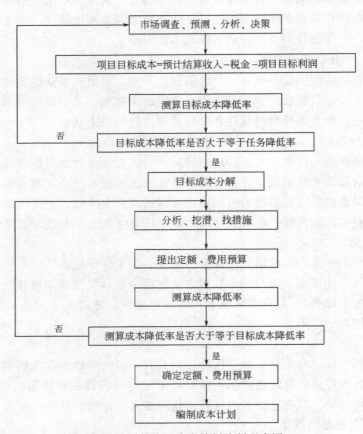

图 3-1　园林施工成本计划编制程序图

四、 编制园林施工成本计划所需的资料

（1）成本预测与决策资料。

（2）测算的目标成本资料。

（3）与成本计划有关的其他生产经营计划资料，如工程量计划、物资消耗计划、工资计划、固定资产折旧计划、园林工程质量计划、银行借款计划等。

（4）园林施工项目上期成本计划执行情况及分析资料。

（5）历史成本资料。

（6）同类行业、同类产品成本水平资料。

五、 园林施工成本计划编制的计划表

1. 园林施工成本计划任务表

它主要是反映园林工程预算成本、计划成本、成本降低额、成本降低率的文件，见表 3-1。

表 3-1 园林施工成本计划任务

工程名称： 工程项目： 项目经理： 日期： 单位：

项目	预算成本	计划成本	计划成本降低额	计划成本降低率
1. 直接费用				
人工费				
材料费				
机械使用费				
措施费				
2. 间接费用				
施工管理费				
合计				

2. 园林施工技术组织措施表

由项目经理部有关人员分别就应采取的技术组织措施预测它的经济效益，最后汇总编制而成。编制技术组织措施表的目的，是在不断采用新工艺、新技术的基础上提高施工技术水平，改善施工工艺过程，推广工业化和机械化施工方法，并通过采纳合理化建议达到降低成本的目的，见表 3-2。

表 3-2 技术组织措施

工程名称： 日期：
项目经理： 单位：

措施项目	措施内容	涉及内容			降低成本来源		成本降低额				
		实物名称	单价	数量	预算收入	计划开支	合计	人工费	材料费	机械费	措施费

3. 园林施工降低成本计划表

根据企业下达给该项目的降低成本任务和该项目经理部自己确定的降低成本指标而制订出项目成本降低计划。它是编制成本计划任务表的重要依据，是由项目经理部有关业务和技术人员编制的。其根据是园林施工的总包和分包的分工，项目中的各有关部门提供降低成本资料及技术组织措施计划。在编制降低成本计划表时还应参照企业内外以往同类项目成本计划的实际执行情况，见表 3-3。

表 3-3 降低成本计划

工程名称： 日期：
项目经理： 单位：

分项工程名称	成本降低额					
	总计	直接成本				间接成本
		人工费	材料费	机械费	措施费	

4. 园林施工间接成本计划表

它主要指园林施工现场管理费计划表，见表 3-4。

表 3-4　园林施工现场管理费计划

项目	预算收入	计划数	降低额
1. 工作人员工资			
2. 生产工人辅助工资			
3. 工资附加费			
4. 办公费			
5. 差旅交通费			
6. 固定资产使用费			
7. 工具用具使用费			
8. 劳动保护费			
9. 检验试验费			
10. 工程养护费			
11. 财产保险费			
12. 取暖、水电费			
13. 排污费			
14. 其他			
15. 合计			

第三节　园林施工月度成本计划的编制

一、　园林施工月度成本计划概念

园林施工月度施工成本计划是园林工程进行成本管理的基础，属于控制性计划，是进行各项施工成本活动的依据。它确定了月度施工成本管理的工作目标，也是对岗位责任人员进行月度岗位成本指标分解的基础。园林施工月度成本计划是根据目标成本制订的月度成本支出和月度成本收入，包括月度人工费成本计划、材料费成本计划、机械费成本计划、措施费用成本计划、临设费、园林施工管理、安全设施成本计划等。

二、　园林施工月度成本计划编制的原则

成本收入的确定应与园林施工责任成本、目标成本的确定方法一致的原则只有成本收入与园林施工责任成本、目标成本的确定方法一致，才能保证成本收入计算的准确性，保证与园林施工责任成本、目标成本具有可比性。

成本支出计划要与实际发生相一致的原则为完成园林工程施工任务而进行的支出是可以事先计划和规划的，如机械费的支出是根据机械租赁费按月包干费还是按使用台班计费，不同机械是否按不同计费方式计费，都可以根据租赁合同确定，因此成本支出的计划应与实际发生相一致。

三、 园林施工月度成本计划编制的原则

1. 成本收入的确定应与园林施工责任成本、 目标成本的确定方法一致的原则

只有成本收入与园林施工责任成本、目标成本的确定方法一致，才能保证成本收入计算的准确性，保证与园林施工责任成本、目标成本具有可比性。

2. 成本支出计划要与实际发生相一致的原则

为完成园林工程施工任务而进行的支出是可以事先计划和规划的，如机械费的支出是根据机械租赁费按月包干费还是按使用台班计费，不同机械是否按不同计费方式计费，都可以根据租赁合同确定，因此成本支出的计划应与实际发生相一致。

四、 园林施工月度成本计划编制依据

（1）园林施工责任成本指标和目标成本指标。

（2）劳务分包合同、机具租赁合同及材料采购、加工订货合同等。

（3）施工进度计划及计划完成工程量。

（4）施工组织设计或施工方案。

（5）成本降低计划及成本降低措施。

五、 园林施工月度成本计划的分解与确定

1. 园林施工月度成本计划的分解

在具体的成本管理过程中，由于各单位的岗位设置有所不同，园林施工成本计划的分解也可能有所不同，但不管怎样，都应遵守以下原则：

（1）指标明确，责任到人。人员的职责分工要明确，指标要明确，目的是便于核算、便于管理。

（2）量价分离，费用为标。在成本过程中是通过节约量、降低价来达到控制成本费用目的的，因此分解时要根据人员分工，凡能量价分离的，要进行分离，成本费用作为一项综合指标来控制。

园林施工月度成本计划分解见表 3-5。

2. 园林施工月度成本支出的确定

（1）人工费计划支出的确定。人工费的计划支出，根据计划完成的工程量，按施工图预算定额计算定额用工量，然后根据分包合同的规定计算人工费。

（2）材料费计划支出的确定。根据计划完成的工程量计算出预算材料费（不包括周转材料费），然后乘以相应的计划降低率，降低率可根据经验预估，一般为 5%～7%。

（3）周转工具支出计划的确定。周转工具应按月初现场实际使用和月中计划进货量或退货量乘以租赁单价确定，即

$$周转工具支出＝本月平均租量×天数×日租赁单价 \qquad (3-1)$$

（4）机械费支出计划的确定。中型和大型机械根据现场实际拥有数量和进出场数量乘以租赁单价确定。小型机械根据预算和计划购置的数量或预计修理费综合考虑后确定。

（5）安全措施费用支出的确定。根据当月施工部位的防护方案和措施确定。

（6）其他费用的确定。根据承包合同和计划支出综合考虑后确定。

表 3-5　园林施工月度成本计划分解

按构成要素编制	按岗位责任分解	
人工费	预算员、施工员	对人工费中的定额工日或工程量负责
	项目经理、预算员	对定额单价及总价负责
材料费(不包括周转工具费)	项目经理、预算员	对定额单价及总价负责
	主管材料员	对采购价和材料费总价负责
周转工具费	设专职或兼职管理人员负责周转工具的管理并对周转工具租赁费负责	
机械费	机械管理员	对大型机械的使用时间、数量负责
	其他人员	工长对大型机械的使用时间、数量负责,材料运输人员对汽车台班数量负责
项目管理成本	项目经理	对管理人员工资、办公费、交通费、业务费负责
	成本会计、劳资员	对临建费、代清、代扫费负责,协助项目经理进行控制
安全设施费	项目经理	对方案进行审定,确定应该投入的安全费
	安全员	对安全设施费负责
分包工程费用(包工包料)	工长	对分包工程量负责
	预算员	对分包工程费用负责

3. 园林施工月度成本收入的确定

$$月度项目施工成本收入 = \frac{项目施工责任成本总额}{报价收入或调整后的报价} \times 本月计划完成工作量 \quad (3-2)$$

该方法的优点是成本收入的多少随工程量完成的多少而变动,可以比较合理地反映收入,使用于人工费、机械费、材料费。其缺点是在基础、结构阶段工程量较大,可能盈余较多,而在装饰阶段,则由于工程量较小,造成成本收入较低,容易出现亏损,尤其是机械费较容易出现波动较大的情况。

因此,若采用此方法确定月成本收入,则应按式(3-3)预留部分机械费放在装修阶段,以调节成本的盈亏平衡。一般预留 10%～15% 补贴在装修阶段。

$$结构阶段机械费成本收入 = 机械费总收入 \times \frac{本月计划完成工程量}{总工程量} \times (0.85～0.9) \quad (3-3)$$

中小型机械按当月完成工程量预算收入计提。

时间分摊法。对周转工具、机械费都可采用此方法。此方法的优点是简单明了,缺点是若出现工程延期,则延期时间内没有收入只有支出,成本盈亏相差较大。采用此方法的前提是工期要有可靠的保证。

方法是根据排好的工期,按分部园林工程分阶段分别确定配置的机械(主要指大型机械费),然后按时间分别确定每月的成本收入,而不简单的用机械费成本总收入除以总工期(月数)确定月度机械费成本收入。

各项费用的成本收入都可以选择其中一种或两种方法相结合确定成本收入。

六、 园林施工月度成本计划的编制

在执行过程中,要保证月度成本计划的严肃性。一旦确定就要严格地执行,不得随意调整、变动。但由于成本的形成是一个动态的过程，在实施过程中，由于客观条件的变化，可能要导致成本的变化。因此，在这种情况下，若对月度成本计划不及时进行调整，则影响到成本核算的准确性。为保证月度成本计划的准确性，就要对月度成本计划进行调整。

一般情况下，出现下列三种情况要对成本计划进行调整。

（1）公司针对该项目的责任成本确定办法进行更改时进行调整。由于核定办法的改变，必然导致项目目标成本的改变，因此根据目标成本和月度施工计划编制的月度成本计划就必然要进行调整。这种情况主要是市场波动、材料价格变化较大、对成本影响较严重时才会出现。

（2）月度施工计划调整时进行调整。由于园林工程进度的需要，增加施工内容，或由于材料、机械、图纸变更等的影响，原定施工内容不能进行而对施工内容进行调整时，在这种情况下，就需要对新增加或更换的施工项目按成本计划的编制原则和方法重新进行计算，并下发月度成本计划变更通知单。

（3）月度施工计划超额或未完成时进行调整。由于施工条件的复杂性和可变性，月度施工计划工程量与实际完成工作量是不同的，因此每到月底要对实际完成工作量进行统计，根据统计结果将根据计划完成工作量编制的月度成本计划调整为实际完成工作量的月度成本计划。

第四节　园林施工目标成本计划的编制

一、　园林施工目标成本计划的概念

园林施工目标成本即园林施工成本总计划确定的园林施工成本支出，是由项目经理部组织有关人员根据工程实际情况和具体的施工方案在园林施工责任成本基础上，通过采取先进的管理手段和技术进步措施进一步降低成本后确定的项目经理部内部成本指标。园林施工成本总计划一般应在开工前编制，应该具有更结合实际、更具体、更准确的特点，是一个指导性计划。

二、　园林施工目标成本计划编制的依据

（1）园林施工项目与公司签订的项目经理责任合同，其中包括园林施工责任成本指标及各项管理目标。

（2）根据施工图计算的工程量及参考定额。

（3）施工组织设计及分部分项施工方案。

（4）劳务分包合同及其他分包合同。

（5）项目岗位成本责任控制指标。

三、　园林施工目标成本计划编制的原则

1. 可行性原则

目标成本必须是园林施工项目执行单位在现有基础上经过努力可以达到的成本水平。这个水平既要高于现有水平，又不能高不可攀，脱离实际，也不能把目标定得过低，失去激励

作用。因此，目标成本应当符合企业各种资源条件和生产技术水平，符合国内市场竞争的需要，切实可行。

2. 先进性原则

目标成本要有激发职工积极性的功能，能充分调动广大职工的工作热情，使每个人尽力贡献自己的力量。如果目标成本可以轻而易举地达到也就失去了成本控制的意义。

3. 科学性原则

目标成本的科学性就是目标成本的确定不凭主观臆断，要收集和整理大量的情报资料，以可靠的数据为依据，是通过科学的方法计算出来的具有企业先进水平的成本。

4. 可衡量性原则

可衡量性是指目标成本要能用数量或质量指标表示。有些难以用数量表示的指标应尽量用间接方法使之数量化，以便能作为检查和评价实际成本水平偏离目标程度的标准和考核目标成本执行情况的准绳。

5. 统一性原则

同一时期对不同园林施工项目目标成本的制订必须采用统一标准，以统一尺度（施工定额水平）对项目成本进行约束。同时，目标成本要和企业总的经营目标协调一致，而且目标成本各种指标之间不能相互矛盾、相互脱节，要形成一个统一的整体的指标体系。

6. 适时性原则

园林施工项目的目标成本一般是在全面分析当时主客观条件的基础上制订的。出于现实中存在大量的不确定性因素，项目实施过程中的外部环境和内部条件会不断发生变化，这就要求企业根据条件的变化及时调整修订目标成本，以适应实际情况的需要。

四、 园林施工目标成本计划编制的程序与方法

1. 编制程序

编制成本计划的程序，因园林项目的规模大小、管理要求不同而不同。大中型项目一般采用分级编制的方式，即先由各部门提出部门成本计划，再由项目经理部汇总编制全项目工程的成本计划；小型项目一般采用集中编制方式，即由项目经理部先编制各部门成本计划，再汇总编制全项目的成本计划。无论采用哪种方式，其编制的基本程序如图 3-2 所示。

2. 编制方法

（1）定性分析法。常用的定性分析方法是用目标利润百分比表示的成本控制标准，即

$$目标成本＝工程投标价×\ [1－目标利润率（\%）] \qquad (3\text{-}4)$$

在此方法中，目标利润率的取定主要是通过主观判断和对历史资料分析而得出的。在计划经济条件下，由于园林工程造价按国家预算编制，其中的法定利润和计划利润是固定不变的，按此两项之和或略高一点制订工程的目标利润是完全可行的，也是被普遍认同的，但在市场竞争条件下，这种方法就明显表现出不足。

① 目标利润率指标和成本指标之间尽管可互相换算，但在具体操作上有本质区别。利用目标利润率确定目标成本是先有利润率，然后计算出目标成本，也就是企业下达的成本指标是相对指标而不是以后将讨论的绝对成本指标。

② 目标利润率指标的取定往往依据历史资料，如财务年度报告等，或根据行业的平均利润率而定，缺乏对企业本身深层次以及潜在优势的研究，不能挖掘出企业降低成本的

潜力。

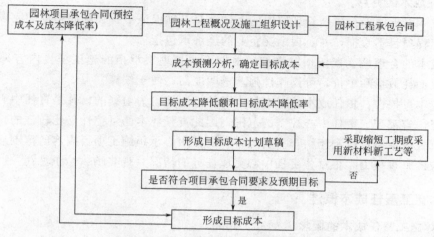

图 3-2　园林施工目标成本编制程序

③ 目标利润率指标易产生平均主义思想，不能充分调动管理者的管理积极性。不同时期、不同地点、不同的项目其投标价格的高低有较大的差异，其降低成本的潜力也各不相同。在同一企业内，不同的项目如果制订出相同的目标利润率，会使部分项目的利润流失；而制订出不同的目标利润率，又会导致项目间相互攀比的现象，并会造成心理上的抵触。

④ 目标利润率指标不能充分反映各种外部环境对园林项目成本构成要素的影响。如市场供求关系的变化会影响到人工、材料、机械价格的高低，施工所投入的各种企业资源受经济环境和市场供求关系的影响较大，因此对成本的影响也比较明显。

⑤ 定性的目标成本确定方法不便于企业管理层了解项目的实际情况，也不便于项目成本的分解，更不利于成本的控制，成本目标往往流于形式。

⑥ 利润率的考核往往只能依据财务报表数据，由于园林工程的变更和工程结算的不及时，容易导致财务成本失真。

（2）定量分析法。定量分析法就是在投标价格的基础上，充分考虑企业的外部环境对各成本要素的影响，通过对各工序中人工、材料、机械消耗的考察和定量分析计算，进而得出项目目标成本的方法。定量分析得出的目标成本比经营者提出的指标更为具体、更为现实，便于管理者抓住成本管理中的关键环节，有利于对成本的分解细化。

第五节　园林施工责任成本计划的编制

一、责任成本概述

1. 责任成本的概念

责任成本是按照项目的经济责任制要求，在项目组织系统内部的各个责任层次进行分解项目全面的预算内容，形成责任预算，称为责任成本。责任成本划清了项目成本的各种经济责任，对责任预算的执行情况进行计量、记录，定期作出业绩报告，对于项目管理是非常必要的，也是加强工程项目成本管理的一种科学方法。

2. 责任成本的特点

（1）成本目标明确。各个管理层次的责任预算必须保证上一级利润指标的完成，层层控制，确保工程项目不亏损，并实现上交企业的经济承包指标。

（2）成本的合理性。责任预算详细。根据不向管理层承担的施工项目内容编制详细的工、料、机消耗数量和单价，可操作性强，透明度高，便于核算。

（3）成本可控性。责任成本是以责任中心的控制能力为前提的，凡是责任中心能够完成的施工项目内容都列入责任中心控制的范围，因此责任成本的可控性是比较强的。

（4）责任成本是责权利相结合。明确各个责任中心承担施工项目内容的范围后，同时授予他们相应的管理权力，根据各责任中心完成任务的情况兑现奖励、给予惩罚。

二、 园林施工责任成本概述

1. 园林施工责任成本的概念

园林工程的责任成本即园林项目的目标成本，也就是园林项目部对企业签订的经济承包合同规定的成本，再减去税金和项目的盈利指标，即

$$合同价－企业上交经济指标－税金－项目盈利指标＝目标成本 \qquad (3\text{-}5)$$

用目标成本作为责任成本对项目成本进行管理和控制，才能真正实现项目的盈利，才能体现成本管理的责任制。

2. 园林施工责任成本的划分

（1）园林施工技术部门。制订的园林施工方案必须在技术上先进、操作上切实可行，按其施工方案编制的预算不能大于项目的目标成本。

（2）园林施工材料部门。项目所用材料的采购价格基本不超过项目的目标成本中的材料单价；材料的供应数量不能超过目标成本所列数量；材料质量必须保证园林工程质量的要求，即材料成本。

（3）园林施工机械设备部门。供应园林施工所用机械设备类型满足园林施工方案提出的要求；机械组织施工做到充分发挥机械的效率；保证机械施工的"三率"指标（出勤、完好、利用率），保证机械使用费不超过目标成本的规定，即机械使用成本。

（4）质量安全部门。保证园林工程质量一次达到交工验收标准，没有返工现象，不出现列入成本的安全事故，也就是质量事故成本、安全事故成本。

（5）财务部门。负责项目目标成本中可控的间接费成本，负责制订项目分年、季度间接费计划开支，不得超过规定标准。

（6）施工队的责任成本。施工队是责任成本管理的基本责任主体，根据项目划分的责任中心承担责任中心管理范围内的分项工程或者分部工程以及单位工程成本中的可控成本，即可控直接材料成本和可控的直接工费成本以及项目拨给施工队间接成本（即责任预算中的间接费）。

（7）施工队班（组）的责任成本。是施工队责任中心范围内的分部分项工程或者是分项工程的责任预算中的可控制直接工费和材料费，也就是班组的人工费及材料费，组成施工队班（组）的责任成本。

三、 园林施工责任成本计划的编制

1. 园林施工责任成本计划编制的依据

（1）项目经理与企业本部签订的内部承包合同及有关材料，包括企业下达给项目的降低成本指标、目标利润值等其他要求。

（2）与业主单位签订的园林工程承包合同。

（3）园林施工的实施性施工组织设计，如进度计划、施工方案、技术组织措施计划、施工机械的生产能力及利用情况等。

（4）项目所需材料的消耗及价格等，机械台班价格及租赁价格等。

（5）项目的劳动效率情况，如各工种的技术等级、劳动条件等。

（6）历史上同类项目的成本计划执行情况以及有关技术经济指标完成情况的分析资料等。

（7）项目的设计概算或施工图预算。

（8）其他有关的资料。

2. 园林施工责任成本计划表

它综合反映整个园林工程在计划期内施工工程的预算成本、计划成本、计划成本降低额和计划成本降低率。责任成本计划表的格式见表3-6。

表3-6　某园林项目责任成本计划

工程名称：　　　　　　　　　　　编制日期：　　　　　　　　　　　　　　单位：元

成本费用项	预算成本	计划成本	计划成本降低额	计划成本降低率
1. 直接费用				
人工费				
材料费				
机械使用费				
措施费				
2. 间接费用				
施工管理费				
合计				

3. 园林施工责任成本计划的分解

项目成本计划可以认为是在完成项目合同任务前提下的全面费用预算。为了保证成本计划的实现，必须按照经济责任制的要求，将成本计划或全面预算的内容在项目组织系统内部的各个责任层次进行分解，形成所谓的责任预算。然后对责任预算的执行情况进行计量与记录，定期作出业绩报告，以便于进行评价和考核，同时也有利于对整个项目的各种活动进行控制。这些在管理会计中被称之为责任会计制度。虽然在项目管理中并不需要去套用企业的责任会计制度（这是由项目管理的特点决定的），但是划清项目中各种经济责任，对于项目管理来说却是非常有必要的。

园林项目责任成本在分解时可按年度进行，也可按整个项目完成期来进行。项目内可按

各个责任层次进行分解，项目组织系统各职能部可按年度或整个项目完成期进行分解，施工队级可按承担项目的任务按年、季度分解，班组级按承担任务按月分解等。

（1）园林项目责任成本计划垂直分解。垂直分解，主要是指直接费用中可控成本按园林项目垂直组织系统进行分解。由于材料采购成本对工程队而言为不可控成本，故不能进行垂直分解。措施费的分解则视具体情况而定。

考虑到园林项目的特点，在分解时应将按园林工程实体结构和按责任中心分解结合起来。表 3-7 作为示例表现了园林项目成本计划的垂直分解的大体思路。

表 3-7　某园林项目成本计划的垂直分解

编制日期：　　　　　　　　　　　　　　　　　　　　　　　　　　　　　　　费用单位：

编号	工程名称	实物单位	数量	直接费用								责任单位
				人工费		材料费		机械费		措施费		
				预算	计划	预算	计划	预算	计划	预算	计划	
	单位工程 1 分部分项 工程 1 分部分项 工程 2 ⋮ 单位工程 2 ⋮											
	临时设施											
	合计											

（2）园林项目责任成本计划横向分解。横向分解，主要是将成本中的部分间接费用（如管理费等）和材料采购成本等在园林项目的有关职能部门中进行分解，横向分解表见表 3-8。

表 3-8　部分间接费及材料采购成本分解

费用单位：

编号	费用项目	办公室	施工技术	安全质量	预算计划统计	财务会计	材料供应	机械设备	…
	工资 奖金 ⋮								
	合计								
	材料采购成本								

4. 园林施工年度责任成本计划的编制

因施工队年度责任成本计划中完成任务项目多，所以，要求按成本费用分类编制。完成的园林工程项目名称可根据园林工程概预算章节名称列出计算直接工程费。措施费及间接费按确定措施费及间接费率计算。直接费的计算按责任预算中确定的定额标准及工、料、机责任单价及工程量计算，见表 3-9。

5. 园林施工季度责任成本计划的编制

季度责任成本计划根据项目部下达的季度施工计划安排，完成的投资、工程量及施工进度要求和形象进度，设计图纸及要求编制季度责任成本计划。季度责任成本计划不计算间接费，只计算措施费，根据具体情况重新测定费率，见表 3-10。

表 3-9 某施工队年度责任成本计划

编制日期：　　　　　　　　　　　　　　　　　　　　　　　　　　费用单位：

编号	工程名称	实物单位	工程数量	直接工程费									措施费费率/%	间接费费率/%
				人工费			材料费			机械费				
				定额	定额数量	责任单价	定额	定额数量	责任单价	定额	定额数量	责任单价		
1栏	2栏	3栏	4栏	5栏	6栏	7栏	8栏	9栏	10栏	11栏	12栏	13栏	14栏	15栏
	单位工程1													
	单位工程2													
	⋮													
	单位工程n													

表 3-10 某施工队季度责任成本计划

编制日期：　　　　　　　　　　　　　　　　　　　　　　　　　　费用单位：

编号	工程名称	实物单位	工程数量	直接工程费									措施费费率/%
				人工费			材料费			机械费			
				定额	定额数量	责任单价	定额	定额数量	责任单价	定额	定额数量	责任单价	
1栏	2栏	3栏	4栏	5栏	6栏	7栏	8栏	9栏	10栏	11栏	12栏	13栏	14栏
	单位工程1												
	分部工程1												
	⋮												
	分部分项工程1												
	⋮												
	单位工程2												
	分部工程2												
	⋮												
	合计												

6. 园林施工责任成本计划的调整

由于园林施工责任成本在确定时条件的局限性，同时，由于客观条件的变化可能造成确定依据的变化，因此，园林施工责任成本在执行过程中有可能要进行调整。但是，施工过程中发生的园林施工责任成本的调整应以收入实现为原则。

（1）设计变更、政策性调整、施工方案修改或公司与业主施工合同、劳务合同变更，按变更的规定计算。

（2）由于测算人员的失误而造成的少项、漏算应按实调整。

以上变更发生时或工程竣工后，由园林工程项目根据实际情况申报，经公司有关部门审核后，经合议组评议，按上述原则和方法如实调整园林施工责任成本。

7. 园林施工月责任成本计划的编制

施工队月责任成本计划只编制直接工程费，不考虑措施费。施工队月责任成本计划要求园林工程划分要细，一般细到分部工程或分部分项工程。月责任成本计划根据月施工计划安排的园林施工项目及形象进度进行编制，见表 3-11。

表 3-11 某施工队月责任成本计划

编制日期：   费用单位：

编号	工程名称	实物单位	工程数量	直接工程费								
				人工费			材料费			机械费		
				定额	定额数量	责任单价	定额	定额数量	责任单价	定额	定额数量	责任单价
1栏	2栏	3栏	4栏	5栏	6栏	7栏	8栏	9栏	10栏	11栏	12栏	13栏
	分部工程1 分部分项 工程1 ⋮ 分部工程2 分部分项 工程2 ⋮											
	合计											

• 第四章 •
园林施工成本控制

第一节 园林施工成本控制概述

一、园林施工成本控制的概念

园林施工成本控制，是指项目经理部在项目成本形成的过程中，为控制人、机、材消耗和费用支出，降低园林工程成本，达到预期的项目成本目标，所进行的成本预测、计划、实施、核算、分析、考核、整理成本资料与编制成本报告等一系列活动。

园林施工成本的控制是在成本发生和形成的过程中，对成本进行的监督检查。由于成本的发生和形成是一个动态的过程，决定了成本的控制是一个动态过程，因此也可称为成本的过程控制。这一特点决定了成本的过程控制既是成本管理的重点也是成本管理的难点。

二、园林施工成本控制的原则与意义

1. 控制原则

（1）全面控制原则。

① 园林施工成本的全员控制。园林施工成本的全员控制并不是抽象的概念，而应该有一个系统的实质性内容，其中包括各部门、各单位的责任网络和班组经济核算等，防止成本控制人人有责又都人人不管。

② 园林施工成本的全过程控制。园林施工成本的全过程控制，是指在园林工程项目确定以后，自施工准备开始，经过园林工程施工，到竣工交付使用后的保修期结束，其中每一项经济业务都要纳入成本控制的轨道。

（2）动态控制原则。

① 园林施工是一次性行为，其成本控制应更重视事前、事中控制。

② 在施工开始之前进行成本预测，确定目标成本，编制成本计划，制订或修订各种消耗定额和费用开支标准。

③ 施工阶段重在执行成本计划，落实降低成本措施，实行成本目标管理。

④ 成本控制随园林施工过程连续进行，与施工进度同步，不能时紧时松，不能拖延。

⑤ 建立灵敏的成本信息反馈系统，使成本责任部门（人员）能及时获得信息、纠正不利成本偏差。

⑥ 制止不合理开支，把可能导致损失和浪费的苗头消灭在萌芽状态。

⑦ 竣工阶段成本盈亏已成定局，主要进行整个园林施工的成本核算、分析、考评。

（3）开源与节流相结合原则。降低园林施工成本，需要一面增加收入，一面节约支出。因此，每发生一笔金额较大的成本费用，都要查一查有无与其相对应的预算收入，是否支出大于收入。

（4）目标管理原则。目标管理是贯彻执行计划的一种方法，它把计划的方针、任务、目的和措施等逐一加以分解，提出进一步的具体要求，并分别落实到执行计划的部门、单位甚至个人。

（5）节约原则。

① 园林施工生产既是消耗资财人力的过程，也是创造财富增加收入的过程，其成本控制也应坚持增收与节约相结合的原则。

② 作为合同签约依据，编制工程预算时，应"以支定收"，保证预算收入；在施工过程中，要"以收定支"，控制资源消耗和费用支出。

③ 每发生一笔成本费用都要核查是否合理。

④ 经常性的成本核算时，要进行实际成本与预算收入的对比分析。

⑤ 抓住索赔时机，搞好索赔、合理力争甲方给予经济补偿。

⑥ 严格控制成本开支范围、费用开支标准和有关财务制度，对各项成本费用的支出进行限制和监督。

⑦ 提高园林施工的科学管理水平，优化施工方案，提高生产效率，节约人、财、物的消耗。

⑧ 采取预防成本失控的技术组织措施，制止可能发生的浪费。

⑨ 施工的质量、进度、安全都对园林工程成本有很大的影响，因而成本控制必须与质量控制、进度控制、安全控制等工作相结合、相协调，避免返工（修）损失、降低质量成本，减少并杜绝园林工程延期违约罚款、安全事故损失等费用支出发生。

⑩ 坚持现场管理标准化，堵塞浪费的漏洞。

（6）责、权、利相结合原则。要使成本控制真正发挥及时有效的作用，必须严格按照经济责任制的要求，贯彻责、权、利相结合的原则。实践证明，只有责、权、利相结合的成本控制才是名实相符的园林施工成本控制。

2. 控制的意义

园林施工的成本目标，有企业下达或内部承包合同规定的，也有项目自行制订的。但这些成本目标一般只有一个成本降低率或降低额，即使加以分解，也不过是相对明细的降本指标而已。为落实成本目标、实现目标管理、发挥控制成本的作用，项目经理部必须以成本目标为依据，联系园林施工项目的具体情况，制订明细而又具体的成本计划，使之成为看得见、摸得着、能操作的实施性文件。这种成本计划应该包括每一个分部分项工程的资源消耗水平以及每一项技术组织措施的具体内容和节约数量（金额），既可指导项目管理人员有效地进行成本控制，又可作为企业对项目成本检查考核的依据。园林施工管理是一次性行为，它的管理对象只有一个园林工程项目，且将随着园林建设的完成而结束其历史使命。在施工期间，园林工程成本能否降低、有无经济效益，得失在此一举，别无回旋余地，因此有很大的风险性。为了确保项目成本必盈不亏，成本控制不仅必要，而且必须做好。

从上述观点来看，园林施工成本控制的目的在于降低园林施工成本、提高经济效益。然而，园林施工成本的降低，除了控制成本支出以外，还必须增加工程预算收入，因为只有在增加收入的同时节约支出，才能提高园林施工成本的降低水平。

三、园林施工成本控制的作用及依据

1. 园林施工成本控制的作用

（1）监督工程收支、实现计划利润。在投标阶段分析的利润仅仅是理论计算而已，只有在实施过程中采取各种措施监督工程的收支，才能保证理论计算的利润变为现实的利润。

（2）做好盈亏预测，指导工程实施。根据单位成本增高和降低的情况，对各分部项目的成本增降情况进行计算，不断对园林工程的最终盈亏作出预测，指导园林工程实施。

（3）分析收支情况，调整资金流动。根据园林工程实施中情况和成本增降的预测，对于流动资金需要的数量和时间进行调整，使流动资金更符合实际，从而可供筹集资金和偿还借贷资金参考。

（4）积累资料，指导今后投标。为实施过程中的成本统计资料进行积累并分析单项工程的实际成本，用来验证原来投标计算的正确性。所有这些资料均是十分宝贵的，特别是对该地区继续投标承包新的工程，有着十分重要的参考价值。

2. 园林施工成本控制的依据

（1）园林工程承包合同。园林施工成本控制要以园林工程承包合同为依据，围绕降低园林工程成本这个目标，从预算收入和实际成本两方面，努力挖掘增收节支潜力，以求获得最大的经济效益。

（2）园林施工成本计划。园林施工成本计划是根据园林施工的具体情况制订的园林施工成本控制方案，既包括预定的具体成本控制目标，又包括实现控制目标的措施和规划，是园林施工成本控制的指导文件。

（3）进度报告。进度报告提供了每一时刻园林工程实际完成量、园林工程施工成本实际支付情况等重要信息。园林施工成本控制工作正是通过实际情况与园林施工成本计划相比较，找出两者之间的差别，分析偏差产生的原因，从而采取措施改进以后的工作。此外，进度报告还有助于管理者及时发现园林工程实施中存在的隐患，并在事态还未造成重大损失之前采取有效措施，尽量避免损失。

（4）园林工程变更。在园林工程的实施过程中，由于各方面的原因，园林工程变更是很难避免的。园林工程变更一般包括设计变更、进度计划变更、施工条件变更、技术规范与标准变更、施工次序变更、工程数量变更等。一旦出现变更，工程量、工期、成本都必将发生变化，从而使得园林施工成本控制工作变得更加复杂和困难。因此，园林施工成本管理人员就应当通过对变更要求当中各类数据的计算、分析，随时掌握变更情况，包括已发生工程量、将要发生工程量、工期是否拖延、支付情况等重要信息，判断变更以及变更可能带来的索赔额度等。

除了上述几种园林施工成本控制工作的主要依据以外，有关园林施工组织设计、分包合

同文本等也都是园林施工成本控制的依据。

四、园林施工成本控制的对象与内容

（1）以园林施工成本形成的过程作为控制对象，根据对园林成本实行全面、全过程控制的要求，具体的控制内容包括以下几点。

① 在园林工程投标阶段，应根据园林工程概况和招标文件进行项目成本的预测，提出投标决策意见。

② 园林施工准备阶段，应结合设计图纸的自审、会审和其他资料（如地质勘探资料等），编制实施性施工组织设计，通过多方案的技术经济比较，从中选择经济合理、先进可行的施工方案，编制明细而具体的成本计划，对园林施工成本进行事前控制。

③ 园林施工阶段，以施工图预算、施工预算、劳动定额、材料消耗定额和费用开支标准等对实际发生的成本费用进行控制。

④ 竣工交付使用及保修期阶段，应对竣工验收过程发生的费用和保修费用进行控制。

（2）以园林施工的职能部门、施工队和生产班组作为成本控制的对象。园林施工成本控制的具体内容是日常发生的各种费用和损失。这些费用和损失，都发生在各个职能部门、施工队和生产班组。因此，也应以职能部门、施工队和班组作为成本控制对象，接受项目经理和企业有关部门的指导、监督、检查和考评。与此同时，项目的职能部门、施工队和班组还应对自己承担的责任成本进行自我控制。应该说，这是最直接、最有效的园林施工成本控制。

（3）以分部分项园林工程作为成本的控制对象。为了把成本控制工作做得扎实、细致，落到实处，还应以分部分项园林工程作为成本的控制对象。在正常情况下，项目应该根据分部分项园林工程的实物量，参照施工预算定额，联系项目管理的技术素质、业务素质和技术组织措施的节约计划，编制包括工、料、机消耗数量以及单价、金额在内的施工预算，作为对分部分项工程成本进行控制的依据。

目前，边设计、边施工的项目比较多，不可能在开工之前一次编出整个园林施工预算，但可根据出图情况编制分阶段的园林施工预算。总的来说，不论是完整的园林施工预算，还是分阶段的园林施工预算，都是进行园林施工成本控制的必不可少的依据。

第二节　园林施工成本控制的实施

一、园林施工成本控制的步骤与程序

1. 园林施工成本控制的步骤

（1）比较。按照某种确定的方式将园林施工成本计划值与实际值逐项进行比较，以发现施工成本是否已超支。

（2）分析。在比较的基础上，对比较的结果进行分析，以确定偏差的严重性及偏差产生的原因。这一步是园林施工成本控制工作的核心，其主要目的在于找出产生偏差的原因，从而采取有针对性的措施，减少或避免相同原因的再次发生或减少由此造成的损失。

（3）预测。根据园林施工实施情况估算整个园林项目完成时的施工成本。预测的目的在

于为决策提供支持。

（4）纠偏。当园林工程项目的实际施工成本出现了偏差，应当根据园林工程的具体情况、偏差分析和预测的结果采取适当的措施，以期达到使施工成本偏差尽可能小的目的。纠偏是施工成本控制中最具实质性的一步。只有通过纠偏，才能最终达到有效控制园林施工成本的目的。

（5）检查。它是指对园林工程的进展进行跟踪和检查，及时了解园林工程进展状况以及纠偏措施的执行情况和效果，为今后的工作积累经验。

2. 园林施工成本控制的程序

由于成本发生和形成过程的动态性，决定了成本的过程控制必然是一个动态的过程。根据成本过程控制的原则和内容，重点控制的是进行成本控制的管理行为是否符合要求，作为成本管理业绩体现的成本指标是否在预期范围之内，因此，要搞好成本的过程控制，就必须有标准化、规范化的过程控制程序。一般控制程序如图 4-1 所示。

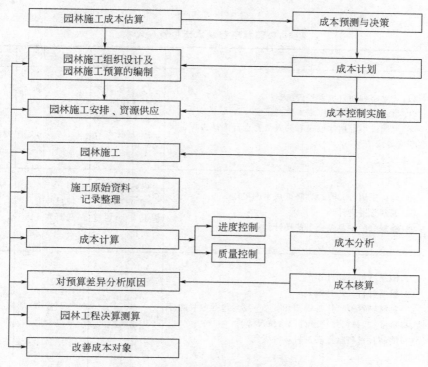

图 4-1　园林施工成本控制一般程序

（1）管理控制程序。管理的目的是确保每个岗位人员在成本管理过程中的管理行为是按事先确定的程序和方法进行的。从这个意义上讲，首先要明白企业建立的成本管理体系是否能对成本形成的过程进行有效的控制，其次是体系是否处在有效的运行状态。管理控制程序就是为规范园林施工成本的管理行为而制订的。约束和激励机制，其内容如下。

① 建立园林施工成本管理体系的评审组织和评审程序。成本管理体系的建立不同于质量管理体系，质量管理体系反映的是企业的质量保证能力，由社会有关组织进行评审和认证；成本管理体系的建立是企业自身生存发展的需要，没有社会组织来评审和认证。因此，企业必须建立园林施工成本管理体系的评审组织和评审程序，定期进行评审和总结，持续

改进。

　　② 建立园林施工成本管理体系的运行机制。园林施工成本管理体系的运行具有"变法"的性质，往往会遇到习惯势力的阻力和管理人员素质跟不上的影响，有一个逐步推行的渐进过程。一个企业的各分公司、项目部的运行质量往往是不平衡的。一般采用点面结合的做法，面上强制运行，点上总结经验，再指导面上的运行。因此，必须建立专门的常设组织，依照程序不间断地进行检查和评审。发现问题，总结经验，促进成本管理体系的保持和持续改进。

　　③ 目标考核，定期检查。管理程序文件应明确每个岗位人员在园林施工成本管理中的职责，确定每个岗位人员的管理行为，如应提供的报表、提供的时间和原始数据的质量要求等。

　　要把每个岗位人员是否按要求去行使职责作为一个目标来考核。为了方便检查，应将考核指标具体化，并设专人定期或不定期地检查。表 4-1 是为规范管理行为而设计的检查内容。

表 4-1　园林项目成本岗位责任考核

岗位名称	职责	检查方法	检查人	检查时间
项目经理	(1)建立园林项目成本管理组织 (2)组织编制园林施工成本管理手册 (3)定期或不定期地检查有关人员管理行为是否符合岗位职责要求	(1)查看有无组织结构图 (2)查看《项目施工成本管理手册》	上级或自查	开工初期检查一次，以后每月检查 1 次
项目工程师	(1)制订采用"四新技术"降低成本的措施 (2)编制总进度计划 (3)编制总的工具及设备使用计划	(1)查看资料 (2)现场实际情况与计划进行对比	项目经理或其委托人	开工初期检查 1 次，以后每月检查 1～2 次
主管材料员	(1)编制材料采购计划 (2)编制材料采购月报表 (3)对材料管理工作每周组织检查一次(包括收发料手续、材料堆放、材料使用及废旧料情况等) (4)编制月材料盘点表及材料收发结存报表	(1)查看资料 (2)现场实际情况与管理制度中的要求进行对比	项目经理或其委托人	每月或不定期抽查
成本会计	(1)编制月度成本计划 (2)进行成本核算,编制月度成本核算表 (3)每月编制一次材料复核报告	(1)查看资料 (2)审核编制依据	项目经理或其委托人	每月检查 1 次
施工员	(1)编制月度用工计划 (2)编制月材料需求计划 (3)编制月度工具及设备计划 (4)开具限额领料单	(1)查看资料 (2)计划与实际对比,考核其准确性及实用性	项目经理或其委托人	每月检查或不定期抽查

应根据检查的内容编制相应的检查表，由项目经理或其委托人检查后填写检查表。检查表要由专人负责整理归档。表 4-2 是检查施工员工作情况的检查表（供参考）。

表 4-2　岗位工作检查（施工员）

序号	检查内容	资料	完成情况	备注
1	月度用工计划			
2	阅读材料需求计划			
3	月度工具及设备计划			
4	限额领料单			
5	其他			

检查人（签字）：　　　　　　　　　　　　　　　　　　　　　　日期：

④ 制订对策，纠正偏差。对管理工作进行检查的目的是保证管理工作按预定的程序和标准进行，从而保证园林施工成本管理能够达到预期的目的。因此，对检查中发现的问题，要及时进行分析，然后根据不同的情况及时采取对策。管理控制程序如图 4-2 所示。

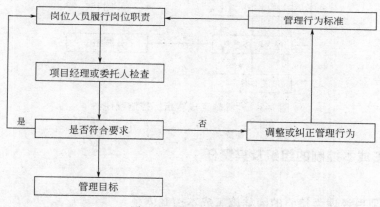

图 4-2　管理控制程序

（2）指标控制程序。园林施工的成本目标是进行园林施工成本管理的目的，能否达到预期的成本目标是园林施工成本管理是否成功的关键。在成本管理过程中，对各岗位人员的成本管理行为进行控制，就是为了保证成本目标的实现。可见，园林施工成本目标是衡量园林施工成本管理业绩的主要标志。园林施工成本目标控制程序如下。

① 确定园林施工成本目标及月度成本目标。在园林工程开工之初，项目经理部应根据公司与园林工程项目签订的《项目承包合同》确定园林施工项目的成本管理目标，并根据园林工程进度计划确定月度成本计划目标。

② 搜集成本数据，监测成本形成过程。过程控制的目的就在于不断纠正成本形成过程中的偏差，保证成本项目的发生在预定范围之内。因此，在园林施工过程中要定时搜集反映施工成本支出情况的数据，并将实际发生情况与目标计划进行对比，从而保证成本的整个形成过程在有效的控制之下。

③ 分析偏差原因，制订对策。园林施工过程是一个多工种、多方位立体交叉作业的复

杂活动，成本的发生和形成是很难按预定的理想、目标进行的，因此需要对产生的偏差及时分析原因，分清是客观因素（如市场调价）还是人为因素（如管理行为失控），及时制订对策并予以纠正。

④ 用成本指标考核管理行为，用管理行为来保证成本指标。管理行为的控制程序和成本指标的控制程序是对园林施工成本进行过程控制的主要内容，这两个程序在实施过程中是相互交叉、相互制约又相互联系的。在对成本指标的控制过程中，一定要有标准规范的管理行为和管理业绩，要把成本指标是否能够达到作为一个主要的标准。只有把成本指标的控制程序和管理行为的控制程序结合起来，才能保证成本管理工作有序、富有成效地进行下去。图 4-3 是园林施工成本指标控制程序图。

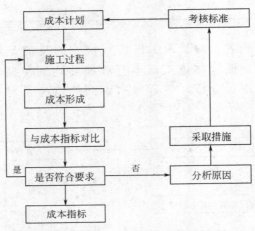

图 4-3　园林施工成本指标控制程序图

二、　园林施工成本控制的组织及其责任

1. 建立以项目经理为核心的园林施工成本控制体系

项目经理责任制是项目管理的特征之一。实行项目经理责任制，就是要求项目经理对园林建设的进度、质量、成本、安全和现场管理标准化等全面负责，特别要把成本控制放在首位，因为成本失控必然影响项目的经济效益，难以完成预期的成本目标，更无法向职工交代。

2. 建立园林施工成本管理责任制

项目管理人员的成本责任不同于工作责任，有时工作责任已经完成，甚至还完成得相当出色，但成本责任却没有完成。例如，项目工程师贯彻园林工程技术规范认真负责，对保证园林工程质量起了积极的作用，但往往强调了质量，忽视了节约，影响了成本。又如，材料员采购及时，供应到位，配合施工得力，值得赞扬，但在材料采购时就远不就近，就次不就好，就高不就低，既增加了采购成本，又不利于工程质量。因此，应该在原有职责分工的基础上，还要进一步明确成本管理责任，使每一个项目管理人员都有这样的认识：在完成工作责任的同时还要为降低成本精打细算，为节约成本开支严格把关。

（1）合同预算员

① 根据合同内容、预算定额和有关规定，充分利用有利因素，编好施工图预算，为增收节支把好第一关。

② 深入研究合同规定的"开口"项目，在有关项目管理人员（如项目工程师、材料员等）的配合下，努力增加工程收入。

③ 收集工程变更资料（包括工程变更通知单、技术核定单和按实结算的资料等），及时办理增加账，保证工程收入，及时收回垫付的资金。

④ 参与对外经济合同的谈判和决策，以施工图预算和增加账为依据，严格控制经济合同的数量、单价和金额，切实做到"以收定支"。

（2）工程技术人员

① 根据园林施工现场的实际情况，合理规划施工现场平面布置（包括机械布局，材料、构件的堆放场地，车辆进出现场的运输道路，临时设施的搭建数量和标准等），为文明施工、减少浪费创造条件。

② 严格执行园林工程技术规范和以预防为主的方针，确保园林工程质量，减少零星修补，消灭质量事故，不断降低质量成本。

③ 根据园林工程特点和设计要求，运用自身的技术优势，采取实用、有效的技术组织措施和合理化建议，走技术和经济相结合的道路，为提高项目经济效益开拓新的途径。

④ 严格执行安全操作规程，减少一般安全事故，消灭重大人身伤亡事故和设备事故，确保安全生产，将事故减少到最低限度。

（3）材料人员

① 材料采购和构件加工要选择质高、价低、运距短的供应（加工）单位。对到场的材料、构件要正确计量、认真验收，如遇质量差、量不足的情况，要进行索赔。切实做到：一要降低材料、构件的采购（加工）成本；二要减少采购（加工）过程中的管理消耗，为降低材料成本走好第一步。

② 根据园林施工的计划进度及时组织材料、构件的供应，保证园林施工的顺利进行，防止因停工待料造成的损失。在构件加工的过程中，要按照施工顺序组织配套供应，以免因规格不齐造成施工间隙，浪费时间，浪费人力。

③ 在园林施工过程中，严格执行限额领料制度，控制材料消耗；同时还要做好余料的回收和利用，为考核材料的实际消耗水平提供正确的依据。

④ 钢管脚手和钢模板等周转材料进出现场都要认真清点，正确核实并减少赔偿数量；使用后，要及时回收、整理、堆放，并及时退场，既可节省租费，又有利于场地整洁，还可加速周转，提高利用效率。

⑤ 根据园林施工生产的需要，合理安排材料储备，减少资金的占用，提高资金使用效率。

（4）机械管理人员

① 根据园林工程特点和施工方案，合理选择机械的型号规格，充分发挥机械的效能，节约机械费用。

② 根据施工需要合理安排机械施工，提高机械利用率，减少机械费成本。

③ 严格执行机械维修保养制度，加强平时的机械维修保养，保证机械完好并随时都能保持良好的状态在施工中正常运转，为提高机械作业、减轻劳动强度、加快施工进度发挥作用。

（5）行政管理人员

① 根据园林施工生产的需要和项目经理的意图合理安排项目管理人员和后勤服务人员，节约工资性支出。

② 具体执行费用开支标准和有关财务制度，控制非生产性开支。

③ 管好行政办公用的财产物资，防止损坏和流失。

④ 安排好生活后勤服务，在勤俭节约的前提下满足职工群众的生活需要，安心为前方生产出力。

（6）财务成本员

① 按照成本开支范围、费用开支标准和有关财务制度严格审核各项成本费用，控制成本支出。

② 建立月度财务收支计划制度，根据园林施工生产的需要平衡调度资金，通过控制资金使用达到控制成本的目的。

③ 建立辅助记录，及时向项目经理和有关项目管理人员反馈信息，以便对资源消耗进行有效的控制。

④ 开展成本分析，特别是分部分项园林工程成本分析、月度成本综合分析和针对特定问题的专题分析。要做到及时向项目经理和有关项目管理人员反映情况，提出问题和解决问题的建议，以便采取针对性的措施来纠正项目成本的偏差。

⑤ 在项目经理的领导下，协助项目经理检查、考核各部门、各单位乃至班组责任成本的执行情况，落实责、权、利相结合的有关规定。

三、 园林施工成本控制的内容和方法

1. 园林施工成本控制的控制的内容

（1）园林工程投标阶段

① 根据园林工程概况和招标文件，联系建筑市场和竞争对手的情况进行成本预测，提出投标决策意见。

② 中标以后，应根据园林工程的建设规模组建与之相适应的项目经理部，同时以标书为依据确定项目的成本目标，并下达给项目经理部。

（2）园林施工准备阶段

① 根据设计图纸和有关技术资料，对施工方法、施工顺序、作业组织形式、机械设备选型、技术组织措施等进行认真的研究分析，并运用价值工程原理制订出科学先进、经济合理的施工方案。

② 根据企业下达的成本目标，以分部分项工程实物工程量为基础，联系劳动定额、材料消耗定额和技术组织措施的节约计划，在优化的施工方案的指导下，编制明细而具体的成本计划，并按照部门、施工队和班组的分工进行分解，作为部门、施工队和班组的责任成本落实下去，为今后的成本控制做好准备。

③ 间接费用预算的编制及落实。根据园林工程建设时间的长短和参加建设人数的多少编制间接费用预算，并对上述预算进行明细分解，以项目经理部有关部门（或业务人员）责任成本的形式落实下去，为今后的成本控制和绩效考评提供依据。

（3）园林施工阶段

① 加强施工任务单和限额领料单的管理，特别要做好每一个分部分项工程完成后的验

收（包括实际工程量的验收和工作内容、工程质量、文明施工的验收）以及实耗人工、实耗材料的数量核对，以保证施工任务单和限额领料单的结算资料绝对正确，为成本控制提供真实可靠的数据。

② 将施工任务单和限额领料单的结算资料与施工预算进行核对，计算分部分项工程的成本差异，分析差异产生的原因，并采取有效的纠偏措施。

③ 做好月度成本原始资料的收集和整理，正确计算月度成本，分析月度预算成本与实际成本的差异。对于一般的成本差异，要在充分注意不利差异的基础上认真分析有利差异产生的原因，以防对后续作业成本产生不利影响或因质量低劣而造成返工损失；对于盈亏比例异常的现象，要特别重视，并在查明原因的基础上采取果断措施，尽快加以纠正。

④ 在月度成本核算的基础上实行责任成本核算，也就是利用原有会计核算的资料，重新按责任部门或责任者归集成本费用，每月结算一次，并与责任成本进行对比，由责任部门或责任者自行分析成本差异和产生差异的原因，自行采取措施纠正差异，为全面实现责任成本创造条件。

⑤ 经常检查对外经济合同的履约情况，为顺利施工提供物质保证。如遇拖期或质量不符合要求时，应根据合同规定向对方索赔。对缺乏履约能力的单位，要采取断然措施，立即中止合同，并另找可靠的合作单位，以免影响施工，造成经济损失。

⑥ 定期检查各责任部门和责任者的成本控制情况，检查成本控制责、权、利的落实情况（一般为每月一次）。发现成本差异偏高或偏低的情况，应会同责任部门或责任者分析产生差异的原因，并督促他们采取相应的对策来纠正差异。如有因责、权、利不到位而影响成本控制工作的情况，应针对责、权、利不到位的原因调整有关各方的关系，落实责、权、利相结合的原则，使成本控制工作得以顺利进行。

（4）园林施工验收阶段

① 精心安排，干净利落地完成园林工程竣工扫尾工作，把竣工扫尾时间缩短到最低限度。

② 重视竣工验收工作，顺利交付使用。在验收以前，要准备好验收所需要的各种书面资料（包括竣工图）送甲方备查。对验收中甲方提出的意见，应根据设计要求和合同内容认真处理，如果涉及费用，应请甲方签证，列入工程结算。

③ 及时办理工程结算。一般来说，工程结算造价＝原施工图预算±增减账。在工程结算时为防止遗漏，在办理工程结算以前，要求项目预算员和成本员进行一次认真全面的核对。

④ 在园林工程保修期间，应由项目经理指定保修工作的责任者，并责成保修责任者根据实际情况提出保修计划（包括费用计划），以此作为控制保修费用的依据。

2. 园林施工成本控制的控制方法

（1）以目标成本控制成本支出。在园林施工的成本控制中，可根据项目经理部制订的目标成本控制成本支出，实行"以收定支"或者叫"量入为出"，这是最有效的方法之一。具体的处理方法如下。

① 人工费的控制。在企业与业主的合同签订后，应根据园林工程特点和施工范围确定劳务队伍，劳务分包队伍一般应通过招投标方式确定。一般情况下，应按定额工日单价或平方米包干方式一次包死，尽量不留活口，以便管理。在施工过程中，就必须严格地按合同核定劳务分包费用，严格控制支出，并每月预结一次，发现超支现象应及时分析原因。同时，

在施工过程中，要加强预控管理，防止合同外用工现象的发生。

② 材料费的控制。对材料费的控制主要是通过控制消耗量和进场价格来进行的。

a. 材料消耗量的控制。材料需用量计划编制的适时性、完整性、准确性控制。在园林工程施工过程中，每月应根据施工进度计划编制材料需用量计划。计划的适时性是指材料需要计划的提出和进场要适时。材料需用量计划至少应包括园林工程施工两个月的需用量，特殊材料的需用计划更应提前提出。给采购供应留有充裕的市场调查和组织供应的时间。

材料需用计划不应该只是提出一个总量，各项材料均应列出分时段需用数量。常用的大宗材料的提前进场时段不应过长。材料进场储备时段过长，必定要求占用的仓储面积增大和占用资金量增大，材料保管损耗也会增大，这无疑加大了材料成本。

计划的完整性是指材料需用量计划的材料品种必须齐全，不能丢三落四。材料的型号、规格、性能、质量要求等要明确。避免临时采购和错误采购造成损失。计划的准确性是指材料需用量的计算要准确，绝不能粗估冒算。需用量计划应包括需用量和供应量。需用量是作为控制限额领料的依据，供应量是需用量加损耗作为采购的依据。

材料领用控制。材料领用的控制是通过实行限额领料制度来实现的。这里有两道控制：一是工长给班组签发领料单的控制，二是材料发放对工长签发的领料单的控制。超计划领料必须检查原因，经项目经理或授权代理人认可方可发料。

材料计量的控制。混凝土、砂浆的配制计量不准，必定造成水泥超用。利用长度的材料，如钢筋、型钢、钢管等若超标准，重量必定超用。因此，计量器具要按期检验、校正，必须受控，计量过程必须受控，计量方法必须全面准确并受控。

工序施工质量控制。园林工程施工前道工序的施工质量往往影响后道工序的材料消耗量。土石方的超挖，必定增加支护或回填的工程量；模板的正偏差和变形必定增加混凝土的用量，因此必须受控，以分清成本责任。从每个工序的施工来讲，则应时时受控，一次合格，避免返修而增加材料消耗。

b. 材料进场价格的控制。材料进场价格控制的依据是园林工程投标时的报价和市场信息。材料的采购价加运杂费构成的材料进场价应尽量控制在工程投标时的报价以内。由于市场价格是动态的，企业的材料管理部门应利用现代化信息手段，广泛收集材料价格信息，定期发布当期材料最高限价和材料价格趋势，控制园林施工材料采购和提供采购参考信息。项目部也应逐步提高信息采集能力，优化采购。

③ 施工机械使用费的控制。凡是在确定目标成本时单独列出租赁的机械，在控制时也应按使用数量、使用时间、使用单价逐项进行控制。小型机械及电动工具购置和修理费采取由劳务队包干使用的方法进行控制，包干费应低于目标成本的要求。

④ 措施费的控制。措施费内容多，人为因素多，不易控制，超支现象较为严重。控制的办法是根据现场经费的收入实行全面预算管理。对某些不易控制的项目（如交通差旅费）等可实行包干制，对一些不宜包干的项目（如业务招待费）可通过建立严格的审批手续来进行控制。

（2）用工期-成本同步的方法控制成本。长期以来，施工企业编制施工进度计划是为安排施工进度和组织流水作业服务，很少与成本控制结合。实质上，成本控制与施工计划管理、成本与进度之间有着必然的同步关系。因为成本是伴随着施工的进行而发生的，施工到什么阶段应该有什么样的费用。如果成本与进度不对应，则必然会出现虚盈或虚亏的不正常现象。

① 按照适时的更新进度计划进行成本控制。施工成本的开支与计划不相符，往往是由两个因素引起的：一是在某道工序上的成本开支超出计划；二是某道工序的施工进度与计划不符。因此，要想找出成本变化的真正原因，实施良好有效的成本控制措施，必须与进度计划的适时更新相结合。

② 利用偏差分析法进行成本控制。见图 4-4。

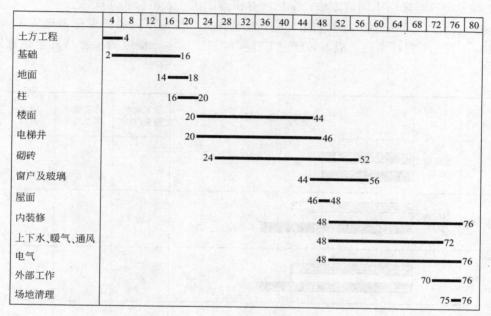

时间单位：周

图 4-4　在第 52 周更新后的进度计划

③ 在施工成本控制中，把施工成本的实际值与计划值的差异叫作施工成本偏差，即

$$施工成本偏差＝已完工程实际施工成本－已完工程计划施工成本 \tag{4-1}$$

$$已完工程实际施工成本＝已完工程量×实际单位成本 \tag{4-2}$$

$$已完工程计划施工成本＝已完工程量×计划单位成本 \tag{4-3}$$

施工成本偏差为正表示施工成本超支，为负表示施工成本节约。但是，必须特别指出，进度偏差对施工成本偏差分析的结果有重要影响，如果不加考虑就不能正确反映施工成本偏差的实际情况。如某一阶段的施工成本超支，可能是由于进度超前导致的，也可能由于物价上涨导致，所以必须引入进度偏差的概念。

$$进度偏差（Ⅰ）＝已完工程实际时间－已完工程计划时间 \tag{4-4}$$

为了与施工成本偏差联系起来，进度偏差也可表示为

$$进度偏差（Ⅱ）＝拟完工程计划施工成本－已完工程计划施工成本 \tag{4-5}$$

所谓拟完工程计划施工成本，是指根据进度计划安排在某一确定时间内所应完成的工程

内容的计划施工成本，即

$$拟完工程计划施工成本＝拟完工程量（计划工程量）×计划单位成本 \quad (4\text{-}6)$$

进度偏差为正值，表示工期拖延；结果为负值，表示工期提前。用式（4-5）来表示进度偏差，其思路是可以接受的，而表达并不十分严格。在实际应用时，为了便于工期调整，还需将用施工成本差额表示的进度偏差转换为所需要的时间。

④ 偏差分析可采用不同的方法，常用的有横道图法、表格法和曲线法。

a. 横道图法。用横道图法进行施工成本偏差分析，是用不同的横道标识已完工程计划施工成本、拟完工程计划施工成本和已完工程实际施工成本，横道的长度与其金额成正比，见图 4-5。

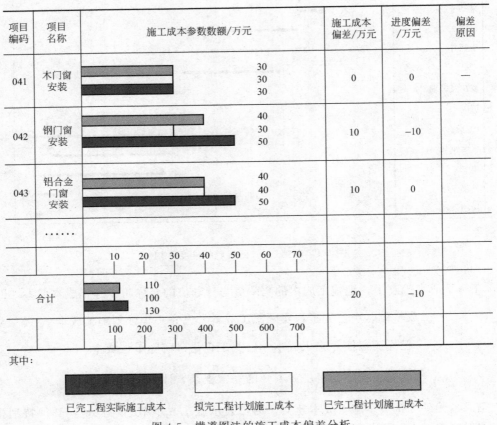

图 4-5 横道图法的施工成本偏差分析

横道图法具有形象、直观、一目了然等优点，它能够准确表达出施工成本的绝对偏差，而且能一眼感受到偏差的严重性，但这种方法反映的信息量少，一般在项目的较高管理层应用。

b. 表格法。表格法是进行偏差分析最常用的一种方法。它将项目编号、名称、各施工成本参数以及施工成本偏差数综合归纳入一张表格中，并且直接在表格中进行比较。由于各偏差参数都在表中列出，使得施工成本管理者能够综合地了解并处理这些数据。用表格法进行偏差分析具有如下优点：

（a）灵活、适用性强。可根据实际需要设计表格，进行增减项。

（b）信息量大。可以反映偏差分析所需的资料，从而有利于施工成本控制人员及时采取针对性措施，加强控制。

（c）表格处理可借助于计算机，从而节约大量数据处理所需的人力，并大大提高速度。

c. 曲线法（赢值法）。曲线法是用施工成本累计曲线（S 形曲线）来进行施工成本偏差分析的一种方法，见图 4-6。其中 a 表示施工成本实际值曲线，p 表示施工成本计划值曲线，两条曲线之间的竖向距离表示施工成本偏差。

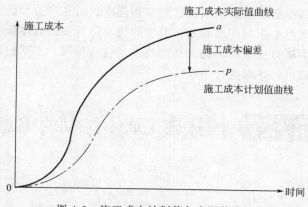

图 4-6　施工成本计划值与实际值曲线

在用曲线法进行施工成本偏差分析时，首先要确定施工成本计划值曲线。施工成本计划值曲线是与确定的进度计划联系在一起的。同时，考虑实际进度的影响，应当引入三条施工成本参数曲线，即已完工程实际施工成本曲线 a，已完工程计划施工成本曲线 b 和拟完工程计划施工成本曲线 p（见图 4-7）。图中曲线 a 与曲线 b 的竖向距离表示施工成本偏差，曲线 b 与曲线 p 的水平距离表示进度偏差。图 4-6 反映的偏差为累计偏差。用曲线法进行偏差分析同样具有形象、直观的特点，但这种方法很难直接用于定量分析，只能对定量分析起一定的指导作用。

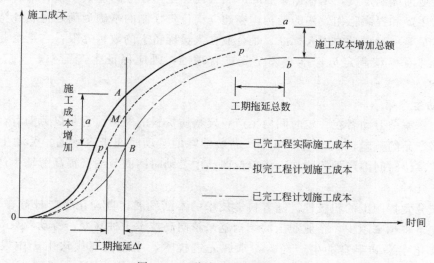

图 4-7　三种施工成本参数曲线

（3）应用成本控制的财务方法——成本分析表法来控制项目成本。作为成本分析控制手段之一的成本分析表，包括月度成本分析表和最终成本控制报告表。月度成本分析表又分直接成本分析表和间接成本分析表。月度直接成本分析表主要反映分部分项工程实际完成的实物量与成本相对应的情况以及与预算成本和计划成本相对比的实际偏差和目标偏差，为分析偏差产生的原因和针对偏差采取相应措施提供依据。月度间接成本分析表主要反映间接成本的发生情况以及与预算成本和计划成本相对比的实际偏差和目标偏差，为分析偏差产生的原因和针对偏差采取相应的措施提供依据。此外，还要通过间接成本占产值的比例来分析其支用水平。最终成本控制报告表主要是通过已完实物进度、已完产值和已完累计成本，联系尚需完成的实物进度、尚可上报的产品和还将发生的成本进行最终成本预测，以检验实现成本目标的可能性，并可为项目成本控制提出新的要求。这种预测，工期短的项目应该每季度进行一次，工期长的项目可每半年进行一次。

第三节　园林施工成本控制的重点

一、劳动管理

建筑企业要搞好生产，必须做好劳动管理工作。搞好劳动管理，节约使用劳动力，充分发挥每个劳动者的积极性和创造性，这就为企业的其他管理工作打下了良好的基础，对保证本企业的生产顺利进行和国家计划的完成都具有十分重要的意义。

1. 劳动定额与定员

劳动定额主要有两种表现形式，即工时定额和产量定额。工时定额是指生产单位产品所规定消耗的时间；产量定额是指在单位时间内生产合格产品的数量。在我国，劳动定额是用来组织生产和衡量工人对国家贡献大小的尺度，工人参加制订定额、管理定额和执行定额，使定额成为调动工人积极性的一种有利工具。

建筑企业的编制定员，是根据企业的产品方向、生产任务的规模，本着精简机构、节约用人、增加生产和提高工作效率的精神，在建立岗位责任制的基础上确定企业各类人员的数量。企业定员是一种科学的用人标准，是企业在人员配备上的数量界限，它是企业管理中的又一项基础工作。编制定员标准必须是先进合理的，既应保证生产需要，又应避免人员窝工。

2. 劳动生产率

劳动生产率是劳动者在一定时间内生产一定物质资料的能力。它是以劳动者在单位时间里生产合格产品的数量，或以生产单位产品所消耗的劳动时间来表示的。劳动生产率的提高，意味着单位时间内产量的增加，或单位产品中劳动时间的节约。提高劳动生产率的途径主要有以下几种。

（1）充分发挥职工的积极性。随着科学技术的不断发展，自动化生产日益普及和完善，体力劳动比重将越来越少，企业职工的结构越来越向高技术工种转变，劳动者只有具备了较高的科学文化水平和丰富的生产经验，掌握先进技术，才能在现代化生产中发挥更大的作用。

（2）大力开展科学研究，广泛采用先进技术。在建筑企业里，提高劳动生产率的根本途径是采用新技术、新工艺、新材料、新结构，提高生产过程机械化、自动化的程度，从而达到节省人、财、物的目的。现代的科学技术是同生产紧密结合的。

（3）不断改进企业管理，科学地组织生产。建筑企业劳动生产率的高低，不仅取决于技术装备和生产技术水平，而且取决于企业管理的水平。因此，建筑企业要不断提高劳动生产率，就必须加强企业管理，科学地组织生产。

3. 劳动组织与劳动保护

（1）劳动组织是根据企业的生产特点，在一定技术条件下科学地组织劳动分工与协作，使工人彼此间、工人与劳动对象间形成协调统一的整体。它的内容主要包括：劳动分工与工人配备、合理组织轮班、科学地组织工作。

（2）任何物质资料的生产过程，都有一个从盲目到有计划地发展改造的过程。在生产过程中，不安全和不卫生的因素是客观存在的。劳动保护就是为了在生产过程中保护职工的健康和安全，改善劳动条件，预防和消除伤亡事故而采取的各种技术和组织措施。

二、 材料管理

在园林工程成本中，材料费要占总额的 $50\%\sim60\%$，甚至更多。因此，在成本管理工作中，材料的控制既是成本控制的重点，也是成本控制的难点。对部分项目施工成本的盈亏进行分析表明，成本盈利或亏损的主要原因都在材料方面。在一定程度上可以说，材料费的盈亏左右着整个园林施工成本的盈亏。要想从根本上解决材料管理工作中的问题，切实搞好材料成本的控制工作，就必须更新观念，进行机制创新，从管理理念和管理机制两个方面对材料管理工作进行改革。应该从材料管理的流程开始讨论材料成本的控制方法。图 4-8 是材料管理中的材料流转程序。

从材料的流转程序图中可以看出，对材料的管理工作有六个重要环节，即采购、收料、验收、库管、发料、使用。要搞好材料成本的控制工作，必须对上述六个环节进行重点控制。

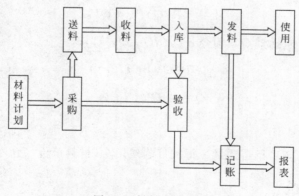

图 4-8 材料流转程序

1. 材料采购的控制

材料采购要从价格、数量、质量三个方面进行控制。

（1）制订材料计划。材料计划应该由施工员根据施工图纸、月度施工进度计划、施工方案，并参考施工预算后进行编制。

（2）确定材料价格。应尽量采用招标方式选择厂家或供应商，通过公正、公平、公开的方式确定材料价格。

（3）控制材料质量。在选择厂家或供应商时，要对其产品的质量和供货信誉进行考察，以确保材料质量符合要求。

（4）计算经济订购批量。经济订购批量是指某种材料的订购费用和仓库保管费用之和最低时的订购批量。

订购批量与订购费用、仓库保管费用及总费用的关系如图4-9所示。

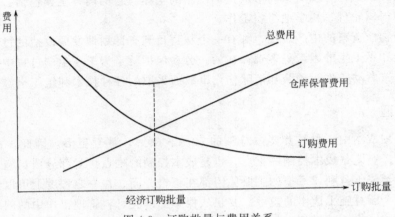

图 4-9　订购批量与费用关系

年度总费用可以用式（4-7）表示，即

年度总费用＝年度订购费用＋年度仓库保管费用＝全年订购次数×每次订购费用＋全年平均库存值×仓库保管费率

设 T_c 为年度总费用，R 为全年某种材料的需要量，C 为该材料的单价，P 为每次订购费用，I 为单位材料年度库存保管费率，Q 为每次订购批量，则

$$T_c＝(R/Q)P＋CQI/2 \qquad (4\text{-}7)$$

求 T_c 最小时的订购批量 Q，须令 $dT_c/dQ＝Q$，即

$$-RP/Q^2＋CI/2＝0$$

$$Q＝(2RP/CI)^{1/2} \qquad (4\text{-}8)$$

即

经济订购批量＝ ［2×年需要量×每次订购费用/（材料单价×仓库保管费率）］$^{1/2}$

2. 材料的收验管理

收料和验收是材料管理中的两个不同的环节，不能合而为一，也不能忽视其中的任何一个环节。

（1）收料管理。收料时要从材料数量、价格、质量三方面按采购计划和采购人员的进货（或收料）通知单进行复核。任何一项与计划不符时，都要及时提出并与有关人员联系，以确定收还是退。当质量不清楚时，应通知专业人员参加共同验收，不能把存在问题的材料收进现场。

（2）验收管理。主管验收的人员要在收料的当天（12h内）按收料小票上的规格、数量及材料质量要求对进入现场的材料进行验收。收料人员及验收人员应该各自独立，不能收验合一。验收符合要求后填写材料验收单。

3. 材料的库房管理及"虚拟库房管理"

为便于管理，材料入库后应在库房内存放管理。对于五金、电料、低值易耗等小型少量材料存入库房是没有问题的。

所谓"虚拟库房"，即材料管理的"一米线"规则。为确保砂、石、钢材、管材等露天存放的材料达到库房管理的要求，可在现场存放上述材料的周围1m处设置警戒线或标线，进入警戒线或标志线内取用材料必须由材料管理人员在场，并持有工长签发的限额领料单，否则应视同超用，应加倍罚款或采取其他处罚措施。

4. 材料的发放管理

材料的发放工作是材料收与用之间的连接环节，也是控制材料用量的关键，因此必须予以重视。领料人员必须持施工员根据成本控制计划的材料用量开具的限额领料单到库房领料。发放人员必须严格按限额领料单中的数据、数量发放，不得超发。超额用料必须经项目经理审批后方可发放。材料的发放和领用双方要在领料时办理领料手续并签字，不得事后补办。

5. 材料的使用管理

材料部门要配合施工员加强对材料的使用管理，尤其要加强材料使用过程中的管理，及时收旧利废，凡能及时回收使用的要及时回收使用。

三、 机械设备管理

所谓机械设备的管理，就是机械设备运动全过程的管理。机械设备运动的全过程包括两种运动形态：一是机械设备的物质运动形态，包括设备选择、进厂验收、安装调试、使用、维护修理、改造、革新等；二是机械设备的价值运动形态（即资金运动形态），包括最初投资、折旧、维修费用、革新改造资金的来源支出等。机械设备的管理应包括这两种运动形态的管理。在实际工作中，前者是机械设备的使用业务管理，一般称为机械设备的技术管理，由机械管理部门承担；后者是设备的经济管理，称为固定资金管理，由企业财务部门承担。

机械设备管理是建筑企业管理的一项重要内容。设备管理的好坏，对于减轻劳动强度、提高劳动效率以及减少原材料消耗、降低成本，具有极其重要的作用。如果机械管理不善，将使产品质量下降、产量减少、消耗增加、成本上升。对于某些需连续性施工的项目，如混凝土浇筑、大坝施工等，由于设备故障停工，会造成严重的经济损失和社会影响。如果一个企业的设备发生故障停产，还会引起连锁反应，影响整个工程的进展甚至成败。

1. 机械设备的技术指标体系

机械设备的技术指标是反映建筑企业机械管理水平的主要标志。主要指标有以下几个。

（1）机械完好率。机械完好率是指报告期内制度台日数中的完好台日数与制度台日数之比，它反映了报告期内机械设备的技术状况。其计算式为

$$V = H/Z \times 100\%$$

（4-9）

式中　V——完好率；

　　H——完好台日数，指报告期内制度台日中处于完好状态的机械设备台日数；

Z——制度台日数，是指报告期内日历台日数减去假日台日数。

如在假日内加班，则计算完好率时，分子、分母都应加假日的加班台数，计算式如下，即

$$V=(H+L)/(Z+L)\times100\%\qquad(4\text{-}10)$$

式中　L——假日加班台日数。

（2）机械利用率。机械利用率是指报告期制度台日数中的实作台日数与制度台日数之比，用来反映企业对机械设备的实际利用情况。其计算式为：

$$W=C/Z\times100\%\qquad(4\text{-}11)$$

式中　W——利用率；

　　　C——实作台日数，指报告期内机械实际出勤进行施工的台日数。

如果假日内加班，则在计算时，分子、分母都应加假日的加班台日数，计算式如下，即

$$W=(C+L)/(Z+L)\times100\%\qquad(4\text{-}12)$$

（3）机械效率。机械效率是指机械设备额定能力与完成产量之比，它反映机械设备的工作效率，这是根本性指标。其计算式为：

$$E=Q/P\times100\%\qquad(4\text{-}13)$$

式中　E——机械效率；

　　　Q——报告期内机械实际完成总产量；

　　　P——机械总能力，是指报告期内同类型机械设备的日历能力数之和。如果机械设备不能以产量计算，可按每台平均实作台班数计算，即

$$E=S/T\text{（台班/台）}\qquad(4\text{-}14)$$

式中　S——报告期内机械实作台班数；

　　　T——机械平均总台数，是指报告期内同类型机械设备的日历台数之和，再用报告期内日历数去除。

（4）装备生产率。装备生产率是指企业机械设备的净值与年度完成总工作量之比。其计算方法为：

$$F=G/R\qquad(4\text{-}15)$$

式中　F——装备生产率；

　　　G——年度完成的总工作量；

　　　R——机械设备的净值，机械设备净值应以全年平均净值较为合理，但根据现行制度规定可采用年末净值。

（5）机械化程度。机械化程度系指企业利用机械完成的工程量与总工程量之比的百分率数值。它表明企业在施工中使用机械代替劳动力的程度，也是考核施工机械化水平的重要指标。其计算式为：

$$U=X/Y\times100\%\qquad(4\text{-}16)$$

式中　U——某工种机械化程度；

　　　X——某工种利用机械完成的实物工程量；

　　　Y——某工种完成全部实物工程量。

综合机械化程度的计算公式为：

$$\sum U = \sum X / \sum Y \times 100\% \tag{4-17}$$

式中　$\sum U$——综合机械化程度；

　　　$\sum X$——各工种工程用机械完成的实物工程量；

　　　$\sum Y$——各工种工程完成的总实物工程量。

（1）直接购买。在购买设备时直接付款。这种情况只适用于现金很充裕的情况，因此必须考虑购置设备后设备的使用情况。

（2）租赁购买。用租赁购买的方式购买设备，在购买设备方和资金供应方之间有正式合同，其中规定在履行合约期间购买一方支付规定的租金，在履约期末租金支付的总额达到双方商定数后该项资产的所有权就转移给购买方，通常这一总额都不计利息。租赁购买这种形式可以解决一时间需求大量资金的困难，偿还款可以分段筹集。

（3）租赁。租赁可以定义为租赁方按商定的租金支付获得属于其他企业（出租方）的固定资产使用权的合同。它有两种形式：分期付款租赁和运营租赁。施工企业可以根据自己的情况确定采用哪种形式。

四、分包项目的成本管理

由于园林工程是由多工种、多专业密切配合完成的劳动密集型工作，在施工过程中，有部分专业工程或项目是采用分包形式完成的，这里所指的分包主要是指专业分包。分包工程或项目的成本管理与施工企业通过劳务分包自行完成的园林工程成本管理有所不同。

为加强成本管理、增加经济效益，分包项目的分包造价一般是通过招标方式确定的。其中，专业工程分包是通过单独招标或议标确定的，而对机械、工具分包及材料分包是在进行劳务分包招标的同时确定的。

通过招标确定的分包项目造价即园林施工责任成本中分包项目的分包成本，原则上分包成本作为园林施工责任成本中的指标之一下达给项目部，不再进行变动。需要指出的是，机械、工具分包及材料分包必须在园林工程开工前，与劳务分包同时确定，而专业分包则可以根据园林工程的进展情况在专业工程施工前确定。因此，在确定分包项目的项目施工责任成本时，专业分包工程可根据预算工程量与市场价确定。在专业分包进行施工招标时，要以此作为报价的上限控制。分包项目的目标成本应根据以下原则确定。

（1）专业分包工程目标成本。如果在确定园林施工责任成本前已通过招标确定施工队伍，则目标成本是根据工程量与市场价确定的，可以按式（4-18）确定目标成本，即

$$目标成本＝专业分包工程量×市场价×[1-(1\%\sim5\%)] \tag{4-18}$$

（2）小型机械、工具分包。该分包项目的分包造价属一次包死项目，因此

$$目标成本＝项目施工责任成本＝分包造价$$

（3）低值易耗材料分包。该分包项目的目标成本确定方法同机械、工具分包项目的确定方法。

五、 园林施工间接费的管理

间接费包括园林施工企业为组织和管理施工生产经营活动所发生的管理费用，企业为筹集资金而发生的财务费用以及园林施工项目部为施工准备、组织施工生产和经营管理所需要的现场施工费用。这些费用包括的范围广、项目多、内容繁杂，因此也成了企业成本和费用控制的重要方面。其主要控制方法包括以下几个方面。

（1）凡企业会计制度以及财务管理制度规定明确的开支范围和标准的费用，必须按照国家规定的制度办理。

① 职工福利费、职工教育费、工会经费分别按照规定比例计算。

② 业务招待费按照实际支出列出，超过《税前扣除办法》标准的在计算企业所得税时作纳税调整。

③ 企业广告费，按国家税务总局的规定，在不超过销售（营业）收入的2％范围内据实列支，超过部分可无限期地向以后年度结转。

④ 折旧费，按照应计折旧固定资产原值和规定的折旧率标准计算。

⑤ 支付的房产税、车船使用税和印花税，按国家规定的标准和税率提取。

（2）对于企业财务会计制度没有明确规定开支范围和开支标准的费用，企业应本着"量入为出，以收抵支，勤俭节约"的原则进行分级归口控制。对各职能部门的费用预算执行情况进行监督检查，并同业绩考核挂钩，实施奖罚制度。

（3）充分发挥财务、审计部门的监督作用。加强费用支付符合规章性审计和效益审计，对违反财务制度和企业管理制度的开支，财务部门要拒绝报销，并及时反馈。审计部门要在内部审计过程中善于发现问题，并协助有关部门提出解决问题的办法。

第四节　降低园林工程施工成本的途径和措施

一、 降低园林工程施工成本的意义

1. 降低成本必须以最少的投入获取最大的产出

在市场经济条件下，对资源采购、管理和使用，必须符合市场经济规律。组织施工必须按照施工工艺规律、技术规律、经济规律。一句话，就是我们必须按照客观规律组织施工活动，优化资源配置，才能降低成本，达到以最少的投入获取最大的产出的目的，从而取得较好的经济效益。

2. 降低成本是企业发展的需要

施工企业的发展必须要更新设备。企业有了先进设备和职工的生产积极性，才能建设出质量好、工期快又安全的项目，使园林工程早发挥投资效益。

3. 降低成本是企业在市场竞争的需要

现在建筑市场是僧多粥少，市场竞争空前激烈，企业要想在众多的竞争对手面前取得胜利，往往是投标报价偏低才能中标。低价中标要求园林施工过程中必须降低成本，才能不

亏损。

4. 降低成本是提高企业全体职工物质待遇的需要

社会主义国家的总方针之一就是要不断地提高人们的物质生活水平，这是基本国策。社会主义国家的国有企业、集体企业或个体企业也要执行这一基本国策。企业提高了职工物质生活，才能调动和发挥职工的施工生产积极性。在施工生产过程中人是活跃的生产要素，也是最重要的，所以调动人的生产积极性可以降低成本，提高项目的经济效益，有了效益也就可以提高职工的物质生活。

二、 降低园林工程施工成本的途径和措施

1. 认真审核图纸， 积极提出修改意见

在园林项目实施过程中，施工单位必须按图施工。但是，图纸是由设计单位按照用户要求和项目所在地的自然地理条件（如水文地质情况等）设计的，其中起决定作用的是设计人员的主观意图。因此，施工单位应该在满足用户要求和保证工程质量的前提下，联系项目施工的主客观条件，对设计图纸进行认真的会审，并提出积极修改意见，在取得用户和设计单位的同意后修改设计图纸，同时办理增减账。

在会审图纸的时候，对于结构复杂、施工难度高的项目更要加倍认真，并且要从方便施工、有利于加快工程进度和保证工程质量，又能降低资源消耗、增加工程收入等方面综合考虑，提出有科学根据的合理化建议，争取建设单位的认同。

2. 加强合同预算管理， 增创工程预算收入

（1）深入研究招标文件、合同内容，正确编制施工图预算。在编制施工图预算的时候，要充分考虑可能发生的基本成本费用，包括合同规定的属于包干（闭口）性质的各项定额外补贴，并将其全部列入施工图预算，然后通过工程款结算向建设单位取得补偿，也就是说，凡是政策允许的，要做到该收的点滴不漏，以保证项目的预算收入。这种方法被称为"以支定收"。但是有一个政策界限，即不能将项目管理不善造成的损失也列入施工图预算，更不允许违反政策向建设单位高估冒算或乱收费。

（2）把合同规定的"开口"项目作为增加预算收入的重要方面。一般来说，按照施工图和预算定额编制的施工图预算必须受预定额的制约，很少有灵活伸缩的余地，"开口"项目的费用则有比较大的潜力，是项目创收的关键。

例如合同规定，待图纸出齐后，由甲乙双方共同商定加快工程进度、保证工程质量的技术措施，费用按实结算。按照这一规定，项目经理和工程技术人员应该联系工程特点，充分利用自己的技术优势，采用新技术、新工艺和新材料，经甲方签证后实施。这些措施应符合以下要求：既能为施工提供方便、有利于加快施工进度，又能提高工程质量，还能增加预算收入。

（3）根据工程变更资料及时办理增减账。由于设计、施工和建设单位使用要求等种种原因，工程变更是项目施工过程中经常发生的事情，是不以人们的意志为转移的。随着工程的变更，必然会带来工程内容的增减和施工工序的改变，从而也必然会影响成本费用的支出。因此项目承包方应就工程变更对既定施工方法、机械设备使用、材料供应、劳动力调配和工期目标等的影响程度以及为实施变更内容需要的各种资源进行合理估价，及时办理增减手续，并通过工程款结算从建设单位取得补偿。

3. 制订先进的、经济合理的施工方案

施工方案主要包括四项内容：施工方法的确定、施工机具的选择、施工顺序的安排和流水施工的组织。施工方案的不同，工期就会不同，所需机具也不同，因而发生的费用也会不同。因此，正确选择施工方案是降低成本的关键所在。

4. 落实技术组织措施

落实技术组织措施，走技术与经济相结合的道路，以技术优势来取得经济效益，是降低项目成本的又一个关键。一般情况下，项目应在开工以前根据工程情况制订技术组织措施计划，作为降低成本计划的内容之一列入施工组织设计，在编制月度施工作业计划的同时也可能按照作业计划的内容编制月度技术组织措施计划。

为了保证技术组织措施计划的落实，并取得预期的效果，应在项目经理的领导下明确分工：由工程技术人员制订措施，材料人员供材料，现场管理人员和班组负责人执行，财务成本员结算节约效果，最后由项目经理根据措施执行情况节约效果对有关人员进行奖励，形成落实技术组织措施一条龙。必须强调，在结算组织措施执行效果时，除要按照定额数据等进行理论计算，还要做好节约实物的验收，防止"理论上节约，实际上超用"的情况发生。

5. 加强质量管理，控制返工率

在施工过程中，要严把工程质量关，始终贯彻"百年大计，质量第一"的质量方针，各级质量自检人员定点、定岗、定责加强施工工序的质量自检和管理工作，真正把质量管理贯彻到整个过程中，采取一切可能的防范措施，消除质量隐患，做到工程一次成型，一次合格，杜绝返工现象的发生，避免因不必要的人力、物力、财力的投入而加大工程成本。尤其对苗木及苗木栽植、养护管理等的质量把关要更加严格，否则可能会导致苗木死亡，不仅增加了工程成本，还有可能损害公司形象甚至公司的信誉。

6. 组织均衡施工，加快施工进度

凡是按时间计算的成本费用，如项目管理人员的工资和办公费，现场临时设施费和水电费以及施工机械和周转设备的租赁费等，在加快施工进度、缩短施工周期的情况下，都会有明显的节约。除此之外，还可从用户那里得到一笔相当可观的提前竣工奖。因此，加快施工也是降低项目成本的有效途径之一。

7. 降低材料成本

材料成本在整个项目成本中的比重最大，一般可达70%左右，而且有较大的节约潜力，往往在其他成本项目（如人工费、机械费等）出现亏损时，要靠材料成本的节约来弥补。因此，材料成本的节约也是降低项目成本的关键。节约材料费用和途径十分广阔，大体有以下几方面。

（1）节约采购成本。选择运费少、质量好、价格低的供应单位。

（2）认真计量验收。如遇数量不足、质量差的情况，要进行索赔。

（3）减少资金占用。根据施工需要合理储备。

（4）加强现场管理。合理堆放、减少搬运、减少过夜苗和苗木损耗。

（5）改进施工技术。推广新技术、新工艺、新材料。

8. 提高机械利用率

机械使用费占项目预算成本的比重并不大，一般在5%左右。但是预算成本中的机械使用费是按机械购建时的历史成本计算的，而且折旧率也偏低，以致实际支出超过预算的亏损

现象相当普遍。对项目管理来说，则应联系实际，从合理组织机械施工、提高机械利用率着手，努力节约机械使用费。节约机械使用费要做好以下三方面的工作：

（1）尽量减少施工中所消耗的机械台班用量，通过合理施工组织、机械调配提高机械设备的利用率和完好率。

（2）加强现场设备的维修、保修工作，降低大修、经常性修理等各项费用的开支，避免不正当使用造成机械设备的闲置。

（3）加强租赁设备计划的管理，充分利用社会闲置机械资源，从不同角度降低机械台班价格。

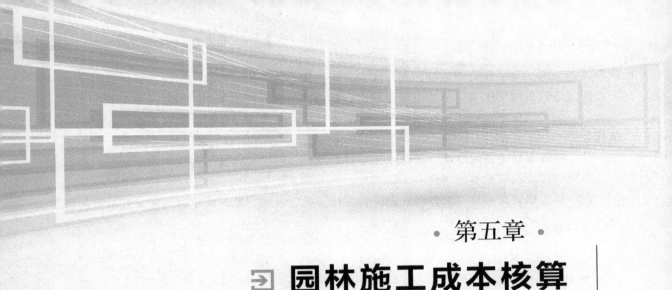

第五章
园林施工成本核算

第一节　园林施工成本核算概述

一、园林施工成本核算的意义与特点

1. 园林施工成本核算的意义

园林施工成本核算是园林施工企业成本管理的一个极其重要的环节。认真做好成本核算工作，对于加强成本管理、促进增产节约、发展企业生产都有着重要的意义。

（1）通过园林施工成本核算，将各项生产费用按照它的用途和一定程序直接计入或分别计入各项工程，正确计算出各项工程的实际成本，将它与预算成本进行比较，可以检查预算成本的执行情况。

（2）通过园林施工成本核算，可以及时反映施工过程中人力、物力、财力的耗费，检查人工费、材料费、机械使用费、措施费用的耗用情况和间接费用定额的执行情况，挖掘降低园林工程成本的潜力，节约活劳动和物化劳动。

（3）通过园林施工成本核算，可以计算施工企业各个施工单位的经济效益和各项承包工程合同的盈亏，分清各个单位的成本责任，在企业内部实行经济责任制，并便于学先进、找差距，开展社会主义竞赛。

（4）通过园林施工成本核算，可以为各种不同类型的园林工程积累经济技术资料，为修订预算定额、施工定额提供依据。

2. 园林施工成本核算的特点

园林施工成本核算是园林施工成本管理的重要环节，应贯穿于园林施工成本管理的全过程。由于建筑产品具有多样性、固定性、形体庞大、价值巨大等不同于其他工业产品的特点，所以建筑产品的成本核算也具有以下特点。

① 园林施工成本核算内容繁杂、周期长。

② 成本核算需要全体成员的分工与协作，共同完成。

③ 成本核算满足三同步要求难度大。

④ 在项目总分包制条件下，对分包商的实际成本很难把握。

⑤ 在成本核算过程中，数据处理工作量巨大，应充分利用计算机，使核算工作程序化、标准化。

二、 园林施工成本核算的对象与环境

1. 园林施工成本核算的对象

园林施工成本一般以每一独立编制施工图预算的单位工程为成本核算对象，也可以按照承包工程项目的规模、工期、结构类型、施工组织和施工现场等情况，结合成本控制的要求，灵活划分成本核算对象。一般说来有以下几种划分核算对象的方法：

（1）一个单位工程由几个施工单位共同施工时，各施工单位都应以同一单位工程为成本核算对象，各自核算自行完成的部分。

（2）规范大、工期长的单位工程，可以将园林工程划分为若干部位，以分部位的工程作为成本核算对象。

（3）同一建设项目，由同一施工单位施工，并在同一施工地点，属于同一建设项目的各个单位工程合并作为一个成本核算对象。

（4）改建、扩建的零星园林工程，可根据实际情况和管理需要，以一个单项工程为成本核算对象，或将同一施工地点的若干个工程量较少的单项工程合并作为一个成本核算对象。

2. 园林施工成本核算的环境

园林项目管理的开展客观上要求企业内部具有反应灵敏、综合协调的管理体制相适应。在系统矩阵式管理体制中，各职能部门机构按"强相关、满负荷、少而精、高效率"原则设置，形成具有自我计划、实施、协调能力的新型机构。企业领导层不再以分管若干部门为分工形式，而代之以每人主管一个系统的新形式，每名成员在一定范围内具有较高的权威性、决策权与指挥权。企业领导成员分别主管的五大系统为：经营管理系统，生产监控系统，经济核算系统，技术管理系统，人事保障系统。公司经理负责各系统的总体协调。根据园林项目是园林工程施工合同的履约实体的特点，企业按"充分、适度、到位"原则对项目经理授权，保证其履行项目管理责任，并对最终产品和建设单位负责，并产出一定的经济效益。在实施对园林施工管理时，不干预、不妨碍项目经理部的具体管理活动和管理过程，即"参与不干预，管理不代理"，同时发挥好组织、协调、监督、指导、服务的职责。

管理层与作业层的分离，从根本上说，是去除两者相互之间的行政性隶属关系，通过"外科手术"式的改革措施，形成两个相互独立、具备各自运行体系的利益主体。为此，两层分离的标志应界定在管理层与作业层各自建立和形成完整的经济核算体系，以核算分开来保证建制分开、经济分开、业务分开。这种分离可以防止实践中的形式主义。

两层分离后，管理层将以组织、实施项目为主要工作内容并建立起针对园林施工成本核算和以效益承包核算为主体的核算体系。作业层将以组织指挥生产班组的施工作业为主要工作内容并建立起针对劳务核算为主体的核算体系。

实行园林项目管理与作业队伍管理分开核算、分别运行，从根本上保证了企业管理重心下沉到项目、管理职权到项目、管理责任下项目、核算单位在项目、实绩考核看项目，因而也有助于把项目经理部建成责、权、利、能全面到位配套，真正名副其实代表企业直接对建

设单位负责的履约主体和管理实体。

三、 园林施工成本核算的任务及其要求

1. 园林施工成本核算的任务

(1) 执行国家有关成本开支范围，费用开支标准，园林工程预算定额和企业施工预算，成本计划的有关规定。控制费用，促使项目合理、节约地使用人力、物力和财力。这是园林施工成本核算的先决前提和首要任务。

(2) 正确及时地核算园林施工过程中发生的各项费用、计算施工项目的实际成本。这是项目成本核算的主体和中心任务。

(3) 反映和监督园林施工成本计划的完成情况，为项目成本预测和参与项目施工生产、技术和经营决策提供可靠的成本报告和有关资料，促进项目改善经营管理、降低成本、提高经济效益。这是园林施工成本核算的根本目的。

2. 园林施工成本核算的要求

(1) 划清成本费用支出和非成本费用支出界限。它是指划清不同性质的支出，即划清资本性支出和收益性支出与其他支出、营业支出与营业外支出的界限。这个界限也就是成本开支范围的界限。

(2) 正确划分各种成本、费用的界限。

① 划清园林施工工程成本和期间费用的界限。在制造成本法下，期间费用不是园林施工成本的一部分，所以正确划清两者的界限是确保园林施工成本核算正确的重要条件。

② 划清本期工程成本与下期工程成本的界限。划清两者的界限，对于正确计算本期工程成本是十分重要的。实际上就是权责发生制原则的具体化，因此要正确核算各期的待摊费用和预提费用。

③ 划清不同成本核算对象之间的成本界限，指要求各个成本核算对象的成本不得张冠李戴，互相混淆，否则就会失去成本核算和管理的意义，造成成本不实，歪曲成本信息，引起决策上的重大失误。

④ 划清未完工程成本与已完工程成本的界限。园林施工成本的真实程度取决于未完施工和已完工程成本界限的正确划分以及未完施工和已完施工成本计算方法的正确度，按月结算方式下的期末未完施工，要求项目在期末应对未完施工进行盘点，按照预算定额规定的工序，折合成已完分部分项工程量。再按照未完施工成本计算公式计算未完分部分项工程成本。

(3) 加强成本核算的基础工作。

① 建立各种财产物资的收发、领退、转移、报废、清查、盘点、索赔制度。

② 建立、健全与成本核算有关的各项原始记录和工程量统计制度。

③ 制订或修订工时、材料、费用等各项内部消耗定额以及材料、结构件、作业、劳务的内部结算指导价。

④ 完善各种计量检测设施，严格计量检验制度，使项目成本核算具有可靠的基础。

(4) 园林施工成本核算必须有账有据。成本核算中要运用大量数据资料，这些数据资料的来源必须真实可靠、准确、完整、及时。一定要以审核无误、手续齐备的原始凭证为依据。同时，还要设置必要的生产费用账册（正式成本账）进行登记，并增设必要的成本辅助台账。

四、 园林施工成本核算的原则与注意事项

1. 园林施工成本核算的原则

（1）确认原则。这是指对各项经济业务中发生的成本，都必须按一定的标准和范围加以认定和记录。只要是为了经营目的所发生的或预期要发生的、并要求得以补偿的一切支出，都应作为成本来加以确认。正确的成本确认往往与一定的成本核算对象、范围和时期相联系，并必须按一定的确认标准来进行。这种确认标准具有相对的稳定性，主要侧重定量，但也会随着经济条件和管理要求的发展而变化。在成本核算中，往往要进行再确认，甚至是多次确认。如确认是否属于成本，是否属于特定核算对象的成本（如临时设施先算搭建成本，使用后算摊销费）以及是否属于核算当期成本等。

（2）分期核算原则。园林施工生产是连续不断的项目，为了取得一定时期的园林施工项目成本，就必须将施工生产活动划分为若干时期，并分期计算各期项目成本。成本核算的分期应与会计核算的分期相一致，这样便于财务成果的确定。但要指出，成本的分期核算与项目成本计算期不能混为一谈。不论生产情况如何，成本核算工作，包括费用的归集和分配等都必须按月进行。至于已完施工项目成本的结算，可以是定期的，按月结转；也可以是不定期的，等到园林工程竣工后一次结转。

（3）相关性原则。它也称决策有用原则。成本核算要为园林施工成本管理目标服务，成本核算不只是简单的计算问题，要与管理融为一体，算为管用。所以，在具体成本核算方法、程度和标准的选择上，在成本核算对象和范围的确定上，应与施工生产经营特点和成本管理要求特性结合，并与项目一定时期的成本管理水平相适应。正确地核算出符合项目管理目标的成本数据和指标，真正使园林施工成本核算成为领导的参谋和助手。无管理目标，成本核算是盲目和无益的，无决策作用的成本信息是没有价值的。

（4）一贯性原则。这里指园林施工成本核算所采用的方法应前后一致。一经确定，不得随意变动。只有这样，才能使企业各期成本核算资料口径统一，前后连贯，相互可比。成本核算办法的一贯性原则体现在各个方面，如耗用材料的计价方法、折旧的计提方法、施工间接费的分配方法、未施工的计价方法等。坚持一贯性原则，并不是一成不变，如确有必要变更，要有充分的理由对原成本核算方法进行改变的必要性作出解释，并说明这种改变对成本信息的影响。如果随意变动成本核算方法，并不加以说明，则有对成本、利润指标、盈亏状况弄虚作假的嫌疑。

（5）实际成本核算原则。这是指园林施工核算要采用实际成本计价。采用定额成本或者计划成本方法的，应当合理计算成本差异，月终编制会计报表时调整为实际成本，即必须根据计算期内实际产量（已完工程量）以及实际消耗和实际价格计算实际成本。

（6）及时性原则。这是指园林施工成本的核算、结转和成本信息的提供应当在所要求的时期内完成。要指出的是，成本核算及时性原则，并非越快越好，而是要求成本核算和成本信息的提供以确保真实为前提，在规定时期内核算完成，在成本信息尚未失去时效的情况下适时提供，确保不影响园林施工其他环节核算工作顺利进行。

（7）配比原则。这是指营业收入与其对应的成本、费用应当相互配合。为取得本期收入而发生的成本和费用，应与本期实现的收入在同一时期内确认入账，不得脱节，也不得提前或延后，以便正确计算和考核项目经营成果。

（8）权责发生制原则。这是指凡是当期已经实现的收入和已经发生或应当负担的费用，

不论款项是否收付，都应作为当期的收入或费用处理；凡是不属于当期的收入和费用，即使款项已经在当期收付，都不应作为当期的收入和费用。权责发生制原则主要从时间选择上确定成本会计确认的基础，其核心是根据权责关系的实际发生和影响期间来确认企业的支出和利益。

（9）谨慎原则。这是指在市场经济条件下，在成本、会计核算中应当对项目可能发生的损失和费用作出合理预计，以增强抵御风险的能力。

（10）划分收益性支出与资本性支出原则。划分收益性支出与资本性支出是指成本、会计核算应当严格区分收益性支出与资本性支出界限，以正确地计算当期损益。所谓收益性支出是指该项目支出发生是为了取得本期收益，即仅仅与本期收益的取得有关，如支付工资、水电费支出等。所谓资本支出是指不仅为取得本期收益而发生的支出，同时该项支出的发生有助于以后会计期间的支出，如购建固定资产支出。

（11）重要性原则。这是指对于园林施工成本有重大影响的业务内容应作为核算的重点，力求精确，而对于那些不太重要的琐碎的经济业务内容，可以相对从简处理，不要事无巨细均作详细核算。坚持重要性原则能够使成本核算在全面的基础上保证重点，有助于加强对经济活动和经营决策有重大影响和有重要意义的关键性问题的核算，达到事半功倍，简化核算，节约人力、财力、物力，提高工作效率的目的。

（12）明晰性原则。这是指园林施工成本记录必须直观、清晰、简明、可控、便于理解和利用，使项目经理和项目管理人员了解成本信息的内涵，弄懂成本信息的内容，便于信息利用，有效地控制本园林施工的成本费用。

2. 园林施工成本核算的注意事项

（1）一定要以"谁受益、谁负担"为基准，计入受益成本核算对象，杜绝"少计""漏计"或"乱计""摊派"等现象，达到园林施工项目成本核算"一本账"的要求。

（2）改革成本核算制度，将原来的完全成本法改为制造成本法，有助于考核项目经理部的成本管理责任履行水平，有助于园林成本的预测和决策。

（3）实行"一本账"核算，可以使项目经理部在合理承担由企业与项目双方共同协商约定的有关费用后，能够通过优化施工方案加强过程管理和控制，降低单位工程成本，真实地反映园林施工项目效益。

（4）直接以园林施工项目成本效益资料为主体，反映企业工程成本状况，其他核算层次不再作数据的业务加工处理。

第二节　园林施工成本核算的方法

一、园林施工成本核算的流程

园林施工成本核算和管理的工作流程如图 5-1 所示。

二、园林施工成本核算的方法

1. 表格核算法

表格核算法是建立在内部各项成本核算基础上，各要素部门和核算单位定期采集信息，

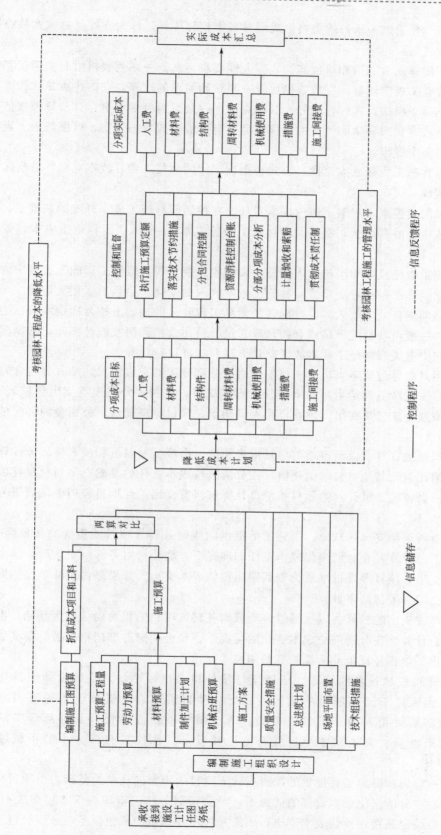

图 5-1 园林施工成本核算和管理的工作流程

—— 控制程序

------ 信息反馈程序

▽ 信息储存

填制相应的表格，并通过一系列的表格形成园林成本核算体系，作为支撑园林成本核算平台的方法。

表格核算法依靠众多部门和单位支持，专业性要求不高。一系列表格由有关部门和相关要素提供单位按有关规定填写，完成数据比较、考核和简单的核算。它的优点是比较简洁明了，直观易懂，易于操作，实时性较好。其缺点为：一是覆盖范围较窄，如核算债权债务等比较困难；二是较难实现科学的严密的审核制度，有可能造成数据失实，精度较差。表格核算法一般有以下几个过程。

（1）确定园林施工责任成本总额。首先根据确定"园林施工责任成本总额"分析园林施工成本收入的构成。

（2）项目编制内控成本和落实岗位成本责任。在控制园林施工成本开支的基础上，在落实岗位成本考核指标的基础上，制订"园林施工内控成本"，也称"园林施工成本计划总支出"。

（3）园林施工责任成本和岗位收入调整。岗位收入变更表：园林工程施工过程中的收入调整和签证引起园林工程报价变化或园林施工成本收入的变化，而且后者更为重要。

（4）确定当期责任成本收入。在已确认的园林工程收入的基础上按月确定本项目的成本收入。这项工作一般由项目统计员或合约预算人员与公司合约部门或统计部门，依据园林施工成本责任合同中有关园林施工成本收入确认方法和标准进行计算。

（5）确定当月的分包成本支出。项目依据当月分部分项的完成情况，结合分包合同和分包商提出的当月完成产值确定当月的项目分包成本支出，编制"分包成本支出预估表"。这项工作一般是按照由施工员提出，预算合约人员初审，项目经理确认，公司合约部门批准的程序来进行的。

（6）材料消耗的核算。以经审核的项目报表为准，由项目材料员和成本核算员计算后确认其主要材料消耗值和其他材料的消耗值，在分清岗位成本责任的基础上编制材料耗用汇总表。由材料员依据各施工员开具的领料单汇总计算材料费支出，经项目经理确认后报公司物资部门批准。

（7）周转材料租用支出的核算。以施工员提供的或财务转入项目的租费确认单为基础，由项目材料员汇总计算，在分清岗位成本责任的前提下，经公司财务部门审核后，落实周转材料租用成本支出，项目经理批准后编制其费用预估成本支出。如果是租用外单位的周转材料，还要经过公司有关部门审批。

（8）水、电费支出的核算。以机械管理员或财务转入项目的租费确认单为基础，由项目成本核算员汇总计算，在分清岗位成本责任的前提下，经公司财务部门审核后，落实周转材料租用成本支出，项目经理批准后编制其费用成本支出。

（9）项目外租机械设备的核算。所谓项目从外租入机械设备，是指园林项目从公司或公司从外部租入用于园林项目的机械设备，从项目讲不管此机械设备是公司的产权还是公司从外部临时租入用于园林施工的，对于园林项目而言都是从外部获得的，周转材料也是这个性质。真正属于项目拥有的机械设备，往往只有部分小型机械设备或部分大型工器具。

核算程序一般为：以施工员提供的或财务转入项目的租费确认单为基础，由项目机械管理员汇总计算，在分清岗位成本责任的前提下，经公司财务部门审核后落实租用成本支出，项目经理批准后编制其费用预估成本支出。如果是租用外单位的机械设备，还要经过公司有关部门审批。

（10）项目自有机械设备，大、小型工器具摊销，CI费用分摊，临时设施摊销等费用开支的核算。由园林施工成本核算员按公司规定的摊销年限，在分清岗位成本责任的基础上计算按期进入成本的金额。经公司财务部门审核，项目经理批准后按月计算成本支出金额。

（11）现场实际发生的措施费开支的核算。由园林施工成本核算员按公司规定的核算类别，在分清岗位成本责任的基础上，按照当期实际发生的金额计算进入成本的相关明细。经公司财务部门审核，项目经理批准后，按月计算成本支出金额。

（12）园林施工成本收支核算。按照以确认的当月园林施工成本收入和各项成本支出，由项目会计编制，经项目经理同意，公司财务部门审核后及时编制项目成本收支计算表，完成当月的项目成本收支确认。

（13）园林施工成本总收支的核算。首先由项目预算合约人员与公司相关部门，根据园林施工成本责任总额和园林工程施工过程中的设计变更以及工程签证等变化因素落实园林施工成本总收入。由项目成本核算员与公司财务部门，根据每月的项目成本收支确认表中所反映的支出与耗费，经有关部门确认和依据相关条件调整后汇总计算并落实项目成本总支出。在以上基础上由成本核算员落实项目成本总的收入、总的支出和园林施工成本降低水平。

2. 会计核算法

会计核算法是指建立在会计核算基础上，利用会计核算所独有的借贷记账法和收支全面核算的综合特点，按园林施工成本内容和收支范围组织园林施工成本核算的方法。

会计核算法以传统的会计方法为主要手段组织核算。它有核算严密、逻辑性强、人为调节的可能因素较小、核算范围较大的特点。会计核算法之所以严密，是因为它建立在借、贷记账法的基础上，收和支、进和出都有另一方做备抵。如购进的材料进入成本少，则其该进而未进成本的部分就会一直挂在项目库存的账上。

会计核算不仅核算园林施工直接成本，而且还要核算园林施工生产过程中出现的债权债务、为园林施工生产而自购的料具、机具摊销、向业主的结算、园林施工成本的计算和形成过程、收款、分包完成和分包付款等。其不足的一面是人员的专业水平要求较高，要求成本会计的专业水平和职业经验较丰富。目前的会计核算有手工核算和电算化两个形式。

使用会计核算法核算园林施工成本，有在企业或项目进行核算等多种方式。园林施工成本在项目进行核算的称为直接核算，不直接在项目核算的称为间接核算。采用何种方式，根据各单位的具体情况和条件，主要看在哪一个层次上进行核算更有助于核算工作开展而选定。

（1）园林施工项目成本的直接核算。项目除及时上报规定的园林工程成本核算资料外，还要直接进行园林施工的成本核算，编制会计报表，落实园林施工成本的盈亏。园林施工项目部不仅是基层财务核算单位，而且是园林施工成本核算的主要承担者。还有一种是不进行完整的会计核算，通过内部列账单的形式，利用园林施工成本台账进行园林施工成本列账核算。

（2）园林施工项目成本的间接核算。项目经理部不设置专职的会计核算部门，由项目有关人员按期、按规定的程序和质量向财务部门提供成本核算资料，委托企业在本项目成本责任范围内进行项目成本核算，落实当期项目成本盈亏。企业在外地设立分公司的，一般由分公司组织会计核算。

（3）园林施工成本列账核算。园林施工成本列账核算是介于直接核算和间接核算之间的一种方法。项目经理部组织相对直接核算，正规的核算资料留在企业的财务部门。项目每发生一笔业务，其正规资料由财务部门审核存档后与项目成本员办理确认和签认手续。园林项目以此列账通知作为核算凭证和项目成本收支的依据，对园林施工成本范围的各项收支登记台账、会计核算、编制项目成本及相关的报表。企业财务部门按期确认资料，对其审核。这里的列账通知单一式两联，一联给项目据以核算，另一联留财务审核之用。项目所编制的报表，企业财务不汇总，只作为考核之用。项目主要使用台账进行核算和分析。

列账核算法的正规资料在企业财务部门，方便档案保管。项目凭相关资料进行核算，也有利于开展园林施工成本核算和项目岗位成本责任考核。但企业和项目要核算两次，相互之间往返较多，比较烦琐，因此它适用于较大园林工程。

由于表格核算法具有便于操作和表格格式自由的特点，可以根据管理方式和要求设置各种表式，因而对项目内各岗位成本的责任核算比较实用。项目岗位责任核算一个较大特点是，数量和金额同时核算考核，如果使用会计核算，一是不能满足核算要求，二是项目各类人员大都是非会计专业，对阅读会计数据不是很在行。因此，使用表格法核算园林施工岗位成本责任，能较好地解决核算主体和载体的统一、和谐问题，便于园林项目成本核算工作的开展，因而该法在园林项目成本核算工作的早期应用较多。并随着园林项目成本核算工作的深入发展，表格的种类、数量、格式、内容、流程都在不断地发展和改进。以适应各个岗位的成本控制和考核。

基于近年来对园林施工成本核算方法的认识已趋于统一，计算机及其网络的使用和普及、财务软件的迅速发展为开展园林施工成本核算的自动化和信息化提供了可能，并已具备了采用会计核算法开展项目成本核算的条件。将园林工程成本核算和园林施工成本核算从收入上统一，在支出中将项目非责任成本的支出利用一定的手段单独列出来，其成本收支就成了园林施工成本的收支范围，会计核算项目成本也就成了很平常的事情。所以，从核算方法上进行调整，是会计核算园林施工成本的主要手段。

总的说来，用表格核算法进行园林施工各岗位成本的责任考核和控制，用会计核算法进行项目成本核算，两者互补，相得益彰，确保园林施工成本核算工作的开展。

三、 园林施工成本核算的过程

一般来说，根据费用产生的原因，园林工程直接费在计算园林工程造价时可按定额和单位估价表直接列入，但是在项目多的单位工程施工情况下，实际发生时却有相当部分费用也需要通过分配方法计入。间接成本一般按一定标准分配计入成本核算对象——单位工程。实行项目管理进行项目成本核算的单位，发生间接成本可以直接计入项目，但需分配计入单位工程。

1. 人工费的归集和分配

（1）内包人工费。它是指两层分开后企业所属的劳务分公司（内部劳务市场自有劳务）与项目经理签订的劳务合同结算的全部工程价款。它适用于类似外包工式的合同定额结算支付办法，按月结算计入项目单位工程成本，当月结算，隔月不予结算。

（2）外包人工费。按项目经理部与劳务基地（内部劳务市场外来劳务）或直接与外单位施工队伍签订的包清工合同，以当月验收完成的工程实物量计算出定额工日数，乘以合同人工单价确定人工费，并按月凭项目经济员提供的"包清工工程款月度成本汇总表"（分外包单位和单位工程）预提计入项目单位工程成本，当月结算，隔月不予结算。

2. 材料费的归集和分配

（1）园林工程耗用的材料，根据限额领料单、退料单、报损报耗单、大堆材料耗用计算单等，由项目料具员按单位工程编制"材料耗用汇总表"，据以计入项目成本。

（2）钢材、水泥、木材高进高出价差核算。

① 标内代办，指"三材"差价列入园林工程预算账单内作为造价组成部分，通常由项目经理部委托材料分公司代办，由材料分公司向项目经理部收取价差费，由项目成本员按价差发生额一次或分次提供给项目负责统计的经济员报出产值，以便及时回收资金。月度结算成本时，为谨慎起见可不作降低，而作持平处理，使预算与实际同步。单位工程竣工结算，按实际消耗量调整实际成本。

② 标外代办，指由建设单位直接委托材料分公司代办"三材"，其发生的"三材"差价由材料分公司与建设单位按代办合同口径结算。项目经理部不发生差价，亦不列入园林工程预算账单内，不作为造价组成部分，可作类似于交料平价处理。项目经理部只核算实际耗用超过设计预算用量的那部分量差及应负担市场高进高出的差价，并计入相应的项目单位工程成本。

（3）一般价差核算。

① 提高项目材料核算的透明度，简化核算，做到明码标价。一般可按一定时点上内部材料市场挂牌价作为材料记账，材料、财务账相符的"计划价"，两者对比产生的差异计入项目单位工程成本，即所谓的实际消耗量调整后的实际价格。如市场价格发生较大变化，可适时调整材料记账的"计划价"，以便缩小材料成本差异。

② 钢材、水泥、木材、玻璃、沥青按实际价格核算，高于预算取费的差价高进高出，谁用谁负担。

③ 装饰材料按实际采购价作为计划价核算，计入该项目成本。

④ 项目对外自行采购或按定额承包供应材料，如砖、瓦、砂、石、小五金等，应按实际采购价或按议定供应价格结算，由此产生的材料、成本差异节超，相应增减项目园林施工。同时，重视转嫁压价让利风险，获取材料采购经营利益，使供应商让利受益于项目。

3. 结构构件的归集和分配

（1）园林施工结构构件的使用必须要有领发手续，并根据这些手续按照单位工程使用对象编制"结构件耗用月报表"。

（2）园林施工结构构件的单价，以项目经理部与外加工单位签订的合同为准，计算耗用金额进入成本。

（3）根据实际施工形象进度、已完施工产值的统计、各类实际成本报耗三者在月度时点上的三同步原则（配比原则的引申与应用），结构件耗用的品种和数量应与施工产值相对应。结构件数量金额账的结存数应与项目成本员的账面余额相符。

（4）结构件的高进高出价差核算同材料费的高进高出价差核算一致。结构件内"三材"数量、单价、金额均按报价书核定，或按竣工结算单的数量按实结算。报价内的节约或超支由项目自负盈亏。

（5）如发生结构件的一般价差，可计入当月项目成本。

（6）部位分项分包，如铝合金门窗、卷帘门、轻钢龙骨石膏板、平顶、屋面防水等，按照企业通常采用的类似结构件管理和核算方法，项目经济员必须做好月度已完工程部分验收记录，正确计报部位分项分包产值，并书面通知项目成本员及时、正确、足额计入成本。预算成本的折算、归类可与实际成本的出账保持同口径。分包合同价可包括制作费和安装费等有关费用，园林工程竣工按部位分包合同结算书，据以按实调整成本。

（7）在结构件外加工和部位分包施工过程中，项目经理部通过自身努力获取的经营利益或转嫁压价让利风险所产生的利益，均应受益于园林施工项目。

4. 周转材料的归集和分配

（1）周转材料实行内部租赁制，以租费的形式反映其消耗情况，按"谁租用谁负担"的原则核算其项目成本。

（2）按周转材料租赁办法和租赁合同，由出租方与项目经理部按月结算租赁费。租赁费按租用的数量、时间和内部租赁单价计算计入项目成本。

（3）周转材料在调入移出时，项目经理部都必须加强计量验收制度，如有短缺、损坏，一律按原价赔偿，计入项目成本（缺损数＝进场数－退场数）。

（4）租用周转材料的进退场运费，按其实际发生数，由调入项目负担。

（5）对U形卡、脚手扣件等零件，除执行项目租赁制外，考虑到其比较容易散失的因素，故按规定实行定额预提摊耗，摊耗数计入项目成本，相应减少次月租赁基数及租赁费。单位工程竣工必须进行盘点，盘点后的实物数与前期逐月按控制定额摊耗后的数量差按实调整清算计入成本。

（6）实行租赁制的周转材料，一般不再分配负担周转材料差价。退场后发生的修复整理费用，应由出租单位做出租成本核算，不再向项目另行收费。

5. 机械使用费的归集和分配

（1）机械设备实行内部租赁制，以租赁费形式反映其消耗情况，按"谁租用谁负担"的原则核算其项目成本。

（2）按机械设备租赁办法和租赁合同，由企业内部机械设备租赁市场与项目经理部按月结算租赁费。租赁费根据机械使用台班、停置台班和内部租赁单价计算，计入园林施工成本。

（3）机械进出场费按规定由承租园林施工负担。

（4）项目经理部租赁的各类大中小型机械，其租赁费全额计入项目机械费成本。

（5）根据内部机械设备租赁市场运行规则要求，结算原始凭证由项目指定专人签证开班和停班数，据以结算费用。现场机、电、修等操作工奖金由项目考核支付，计入园林施工机械费成本并分配到有关单位工程。

（6）向外单位租赁机械，按当月租赁费用全额计入项目机械费成本。上述机械租赁费结算，尤其是大型机械租赁费及进出场费应与产值对应，防止只有收入无成本的不正常现象，或反之，形成收入与支出不配比状况。

6. 措施费的归集和分配

（1）园林施工过程中的材料二次搬运费，按项目经理部向劳务分公司汽车队托运汽车包天或包月租费结算，或以运输公司的汽车运费计算。

（2）临时设施摊销费按项目经理部搭建的临时设施总价（包括活动房）除以项目合同工期求出每月应摊销额，临时设施使用一个月摊销一个月，摊完为止，园林工程竣工搭拆差额（盈亏）按实调整实际成本。

（3）生产工具用具使用费。大型机动工具、用具等可以套用类似内部机械租赁办法以租费形式计入成本，也可按购置费用一次摊销法计入项目成本，并做好在用工具实物借用记录，以便反复利用。工用具的修理费按实际发生数计入成本。

（4）除上述以外的措施费内容，均应按实际发生的有效结算凭证计入园林施工成本。

7. 间接费的归集和分配

（1）要求以项目经理部为单位编制工资单和奖金单，列支工作人员薪金。项目经理部工资总额每月必须正确核算，以此计提职工福利费、工会经费、教育经费、劳保统筹费等。

（2）劳务分公司所提供的炊事人员代办食堂承包，服务、警卫人员提供区域岗点承包服务以及其他代办服务费用计入施工间接费。

（3）内部银行的存贷款利息计入"内部利息"（新增明细子目）。

（4）园林施工间接费，先在项目施工间接费总账归集，再按一定的分配标准计入受益成本核算对象（单位工程）"园林工程施工——间接成本"。

8. 分包工程成本的归集和分配

项目经理部将所管辖的个别单位工程双包或以其他分包形式发包给外单位承包，其核算要求如下。

（1）包清工工程。如前所述，纳入人工费——外包人工费内核算。

（2）部位分项分包工程。如前所述，纳入结构件费内核算。

（3）双包工程。是指将整幢建筑物以包工包料的形式分包给外单位施工的工程，可根据承包合同取费情况和发包（双包）合同支付情况，即上下合同差，测定目标盈利率。月度结算时，以双包工程已完工程价款作收入，应付双包单位工程款作支出，适当负担施工间接费预结降低额。为稳妥起见，拟控制在目标盈利率的50%以内，也可月结成本时作收支持平，竣工结算时再按实调整实际成本，反映利润。

（4）机械作业分包工程。是指利用分包单位专业化施工优势，将打桩、吊装、大型土方、深基础等施工项目分包给专业单位施工的形式。对机械作业分包产值统计的范围是：只统计分包费用，而不包括物耗价值，即打桩只计打桩费而不计桩材费，吊装只计吊装费而不包括构件费。机械作业分包实际成本与此对应，包括分包结账单内除工期奖之外的全部工程费用，总体反映其全貌成本。同双包工程一样，总分包企业合同差，包括总包单位管理费、分包单位让利收益等，在月结成本时可先预结一部分，或月结时作收支持平处理，到竣工结算时再作为项目效益反映。

（5）上述双包工程和机械作业分包工程由于收入和支出比较容易辨认（计算），所以项目经理部也可以对这两项分包工程采用竣工点交办法，即月度不结盈亏。

（6）项目经理部应增设"分建成本"成本项目，核算反映双包工程、机械作业分包工程的成本状况。

（7）各类分包形式（特别是双包）对分包单位领用、租用、借用本企业物资、工具、设备、人工等费用，必须根据项目经管人员开具的、且经分包单位指定专人签字认可的专用结算单据，如"分包单位领用物资结算单"及"分包单位租用工用具设备结算单"等结算依据入账，抵作已付分包工程款。同时要注意对分包资金的控制，分包付款、供料控制主要应依据合同及要料计划实施制约，单据应及时流转结算，账上支付额（包括抵作额）不得突破合同。要注意阶段控制，防止资金失控，引起成本亏损。

第三节　园林施工成本核算的会计账表

一、园林施工成本核算的台账

1. 为园林施工成本核算积累资料的台账

（1）产值构成台账（表5-1）。按单位工程设置，根据"已完工程验工月报"填制。

（2）预算成本构成台账（表5-2）。按单位工程设置，根据"已完工程验工月报"及"竣工结算账单"进行折算。

（3）单位工程增减账台账（表5-3）。

2. 为园林施工资源消耗进行控制的台账

（1）人工费用台账（表5-4）。依项目经济员提供的内包和外包用工统计来填制。

（2）主要材料耗用台账（表5-5）。依项目材料员提供的材料耗用日报来填制。

（3）结构件耗用台账（表5-6）。依项目构件员提供的结构件耗用月报来填制。

（4）周转材料使用台账（表5-7）。依项目料具员提供的周转材料租用报表来填制。

（5）机械使用台账（表5-8）。依项目料具员提供的机械使用月报来填制。

（6）临时设施台账（表5-9）。依项目料具员或经济员提供的搭拆临时设施耗工、耗量资料进行填制。

3. 为园林施工成本分析积累资料的台账

（1）技术措施执行情况台账（表5-10）。根据措施项目内容、工程量和措施内容，由项目成本员计算。

（2）质量成本台账（表5-11）。由涉及施工、技术、经济各岗位通力合作形成制度所支出的费用组成。

4. 为园林施工管理服务的台账

（1）甲供料台账（表5-12）。

（2）分包合同台账（表5-13）。根据有关合同副本进行填制。

表5-1　产值构成台账

单位工程名称：　　　　　　　　　　　　　　　　　　　　　　　　　　年　月

| 日期 | | 工作量/万元 | 预算成本 | | | | | 2.5%大修费 | 工程成本表预算成本合计 | 利润4%已减让利 | 装备费3%全部 | 劳保基金1.92%全部 | 二税一费 | 二站费用 | 双包完成 | 机械分包 |
年	月		高进高出	系数材差	直、间接费	利息	记账树合计									

制表人：

表 5-2　预算成本构成台账

单位工程名称		结构		面积/m²		预算造价		竣工结算造价		
	人工费	材料费	周转材料费	结构件	机械使用费	措施费	间接费	分建成本	合计	备注
原合同数										
增减账										
竣工结算数										
逐月发生数										
年　　月										

制表人：

表 5-3　单位工程增减账台账

单位工程名称：

编号	日期		内容	金额	其中:直接费部分							签证状况		
	年	月			合计	人工费	材料费	结构件	材料周转费	机械费	措施费	已送审	已签证	已报工作记录
1														
2														
3														
4														
5														
6														
7														
8														
9														
10														

制表人：

表 5-4　人工费用台账

单位工程名称：

日期		外包工		内包工		其他		合计		备注
年	月	工日数	金额	工日数	金额	工日数	金额	工日数	金额	

制表人：

表 5-5　主要材料耗用台账

单位工程名称：

日期		材料名称	水泥	水泥	水泥	黄砂	石子	统一砖	20孔砖	水灰	纸筋灰	商品混凝土	沥青	玻璃	油毛毯	瓷砖	地砖	马赛克
年	月	规格	32.5级	32.5级	42.5级													
		单位	t	t	t	t	t	万块	万块	t	t	m³	t	m²	卷	块	块	m²
		合同预算数																
		增加账																
		实际耗用数																

制表人：

表 5-6　结构件耗用台账

单位工程名称：

日期		构件名称	钢窗	钢门	钢框	木门	木窗	其他木制品	多孔板	槽形板	阳台板	商品混凝土	扶梯梁	扶梯板	过梁	小构件	成型钢筋	金属制品	铁制品
年	月	规格																	
		单位	m²	m²	m²	m²	m²	元	m²	m²	m²	m²	m²	m²	m²	m²	t	t	t
		计划单价																	
		预算用量																	
		增减账数																	
		实际耗用																	

制表人：

表 5-7　周转材料使用台账

单位工程名称：

年		名称	组合钢模		钢管脚手架		脚手扣件		回形销		山字夹		毛竹		海底笆		钢木脚手架		木模		组合钢模赔损	
月	日	单位	m²		套		只		只		只		支		块		块		m²		m²	
		单价																				
		摘要	数量	金额	数量	金额	数量	金额	数量	金额	数量	金额	数量	金额	数量	金额	数量	金额	数量	金额	数量	金额
		施工预算用量																				

制表人：

表 5-8　机械使用台账

单位工程名称：

机械名称																							金额合计
型号规格																							
年	月	台班	单价	金额	台班	单价	金额	台班	单价	金额	台班	单价	金额	台班	单价	金额	台班	单价	金额	台班	单价	金额	

制表人：

表 5-9 临时设施（专项工程）台账

工程项目名称：

日期		人工		水泥	钢材	木材	黄砂	石子	砖	门窗	屋架	石棉瓦	水电料	其他	活动房	机械费	金额合计
年	月	工日	金额	t	t	m³	t	t	万块	m²	榀	张	元	元	元	元	元
逐月消耗																	

日期		作业棚	机具棚	材料库	办公室	休息室	厕所	宿舍	食堂	浴室	花卉池	储水池	道路	围墙	水电料	
年	月	m²	m²	m²	m²	m²	m²	m²	m²	m²	m³	m³				
化制建成		元	元	元	元	元	元	元	元	元	元	元	元	元		金额合计
拆除记录																

制表人：

表 5-10 技术措施执行情况台账

工程项目名称：

年		分部分项工程名称	单位	工程量	掺用原状粉煤灰代黄砂		掺用石屑代黄砂		掺用磨细粉煤灰节约水泥		掺用木质素节约水泥		使用碎砖三合土代道砟		使用散装水泥				合计金额
月	日				数量	金额	数量	金额	数量	金额	数量	金额	数量	金额	数量	金额	数量	金额	
		钢筋混凝土带基 C20	m³																
		基础墙 MU10	m³																
		本月合计																	
		自开工期累计																	

制表人：

表 5-11 质量成本台账

项目工程名称：

日期									
质量成本科目									
预防成本	质量工作费								
	质量培训费								
	质量奖励费								
	在线产品保护费								
	工资及福利基金								
	小计								

续表

	材料检验费								
	构件检验费								
鉴别成本	计量用具检验费								
	工资及福利基金								
	小计								
	操作返修损失								
	施工方案失误损失								
	停工损失								
内部故障成本	事故分析处理费								
	质量罚款								
	质量过剩支出								
	外单位损害返修损失								
	小计								
	保护期修补								
	回访管理费								
外部故障成本	诉讼费								
	索赔费用								
	经营损失								
	小计								
外部保证成本	评审费用								
	评审管理费								
	质量成本总计								
	(质量成本/实际成本)×100%								

制表人：

表 5-12　甲供料台账

年		凭证		摘要	供料情况				结算情况			经办人	备注
月	日	种类	编号		名称	规格	单位	数量	结算方式	单价	金额		

表 5-13　分包合同台账

工程项目名称：

序号	合同名称	合同编号	签约日期	签约人	对方单位及联系人	合同标的	履行标的	结算日期	违约情况	索赔记录

二、 园林施工成本核算的账表

1. 园林施工成本表

本表按"园林工程施工",参照"园林工程结算收入""园林工程结算成本""园林工程结算税金及附加账发生额"填列,要求预算成本按规定折算,与实际成本账表相符,按月填报,见表5-14。

表5-14 园林施工成本表

单位:元

编报单位:

年 月

项目	本期数				累计数			
	1	2	3	4	5	6	7	8
人工费	预算成本	实际成本	降低额	降低率	预算成本	实际成本	降低额	降低率
外清包人工费								
材料费								
结构件								
周转材料费								
机械使用费								
措施费								
间接成本								
工程成本合计								
分建成本								
工程结算成本合计								
工程结算其他收入								
工程结算成本总计								

企业负责人: 财务负责人: 制表人:

2. 在建园林工程成本明细表

要求分单位工程列示,账表相符,按月填报,其编制方法同园林施工成本表,见表5-15。

表 5-15　在建园林工程成本明细表

编报单位：　　　　　　　　　　　　　　　　　　　　　　　　　　　　　　　年　月

单位名称	本月数							
	预算成本	人工费	外包费用	材料费	周转材料费	结构件	机械费	措施费

单位名称	本月数					本年度累计		
	施工间接费	分包成本	实际成本	降低额	降低率	工程其他收入	预算成本	实际成本

单位名称	本年度累计			跨年度累计				
	降低额	降低率	工程其他收入	预算成本	实际成本	降低额	降低率	工程其他收入

单位负责人：　　　　成本员：　　　　编报日期：　　　年　月　日

3. 竣工园林工程成本明细表

要求分单位工程填列，竣工工程全貌预算成本完整折算，竣工点应当调整与已结数之差实际成本账表相符，按月填报（有竣工点交工程后），方法同上，见表 5-16。

表 5-16　竣工园林工程成本明细表

编报单位：　　　　　　　　　　　　　　　　　　　　　　　　　　　　　　　年　月

单位名称	人工费			材料费		周转材料费		结构件	
	预算	实际	外包费用	预算	实际	预算	实际	预算	实际

续表

单位名称	人工费		措施费		施工间接费		分建成本	
	预算	实际	预算	实际	预算	实际	预算	实际

单位名称	合计					合计中属于本年度的				
	预算成本	实际成本	降低额	降低率	工程其他收入	预算成本	实际成本	降低额	降低率	工程其他收入

单位负责人：　　　　　成本员：　　　　　制表人：

4. 园林施工间接费表

此表是复合表，又称费用表，包括企业和项目均可通用。根据"园林施工间接费账户发生额"填列，要求账表相符，按季填报，见表5-17。

表5-17 园林施工间接费表

单位：元

编报单位：　　　　　　　　　　　　　　　　　年　月

序号	项目	管理费用	财务费用	施工间接费	小计	备注
1	工作人员薪金					
2	职工福利费					
3	工会经费					
4	职工教育经费					
5	差旅交通费					
6	办公费					
7	固定资产使用费					
8	低值易耗品摊销					
9	劳动保护费					
10	技术开发费					

续表

序号	项目	管理费用	财务费用	施工间接费	小计	备注
11	业务活动费					
12	各种税金					
13	上级管理费					
14	劳保统筹费					
15	离退休人员医疗费					
16	其他劳保费用					
17	利息支出					
	其中:利息收入					
18	银行手续费					
19	其他财务费用					
20	内部利息					
21	资金占用费					
22	房改支出					
23	坏账损失					
24	保险费					
25						
26	其他					
27						
28	合计					

行政领导人：　　　　　财务主管人员：　　　　　制表人：

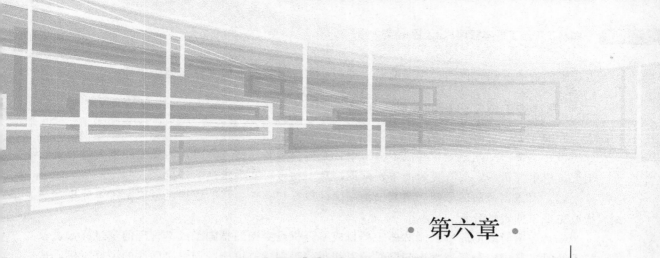

第六章

→ 园林施工成本分析

第一节 园林施工成本分析概述

一、园林施工成本分析的概念与目的

1. 园林施工成本分析的概念

园林施工的成本分析，就是根据统计核算、业务核算和会计核算提供的资料，对园林施工成本的形成过程和影响成本升降的因素进行分析，以寻求进一步降低成本的途径（包括园林施工成本中的有利偏差的挖潜和不利偏差的纠正）；另一方面，通过成本分析，可从账簿、报表反映的成本现象看清成本的实质，从而增强园林施工成本的透明度和可控性，为加强成本控制、实现园林施工成本目标创造条件。由此可见，园林施工成本分析，也是降低成本、提高项目经济效益的重要手段之一。

影响园林施工成本变动的因素有两个方面：一是外部的属于市场经济的因素；二是内部的属于经营管理的因素。这两方面的因素在一定条件下又是相互制约和相互促进的。影响园林施工成本变动的市场经济因素主要包括施工企业的规模和技术装备水平、施工企业专业化和协作的水平以及企业员工的技术水平和操作的熟练程度等，这些因素不是在短期内所能改变的。因此，作为项目经理应该了解这些因素，但应将园林施工成本分析的重点放在影响园林施工成本升降的内部因素上。影响园林施工成本升降的内部因素包括人工费用水平的标准，材料、能源利用的效果，机械设备的利用效果，施工质量水平的高低及组织施工的管理因素等。

2. 园林施工成本分析的目的

（1）根据统计核算、业务核算和会计核算提供的资料，对园林施工成本的形成过程和影响成本升降的因素进行分析，以寻求进一步降低成本的途径（包括项目成本中的有利偏差的挖潜和不利偏差的纠正）。

（2）通过成本分析，可从账簿、报表反映的成本现象看清成本的实质，从而增强园林施工成本的透明度和可控性，为加强成本控制、实现园林施工成本目标创造条件。

二、 园林施工成本分析的原则与种类

1. 园林施工成本分析的原则

（1）实事求是的原则。在成本分析中，必然会涉及一些人和事，因此要注意人为因素的干扰。成本分析一定要有充分的事实依据，对事物进行实事求是的评价。

（2）用数据说话的原则。要充分利用统计核算和有关台账的数据进行成本定量分析，尽量避免抽象的定性分析。

（3）注重时效的原则。园林施工项目成本分析贯穿于园林施工成本管理的全过程，这就要求及时进行成本分析、发现问题并予以纠正，否则就有可能贻误解决问题的最好时机，造成成本失控、效益流失。

（4）为生产经营服务的原则。成本分析不仅要揭露矛盾，而且要分析产生矛盾的原因，提出积极有效的解决矛盾的合理化建议。这样的成本分析必然会深得人心，从而得到项目经理部有关部门和人员的积极支持与配合，使园林施工项目的成本分析更健康地开展下去。

2. 园林施工成本分析的种类

（1）随着园林施工的进展而进行的成本分析。

① 分部分项工程成本分析。

② 月（季）度成本分析。

③ 年度成本分析。

④ 竣工成本分析。

（2）按成本项目进行的成本分析。

① 人工费分析。

② 材料费分析。

③ 机具使用费分析。

④ 措施费分析。

⑤ 间接成本分析。

（3）针对特定问题和与成本有关事项的分析。

① 成本盈亏异常分析。

② 工期成本分析。

③ 资金成本分析。

④ 质量成本分析。

⑤ 技术组织措施、节约效果分析。

⑥ 其他有利因素和不利因素对成本影响的分析。

三、 园林施工成本分析的内容和作用

1. 园林施工成本分析的内容

园林施工企业成本分析的内容就是对园林施工成本变动因素的分析。影响园林施工成本变动的因素有两个方面：一是外部的属于市场经济的因素；二是内部的属于企业经营管理的因素。这两方面的因素在一定条件下又相互制约和相互促进。影响园林施工成本变动的市场

经济因素主要包括施工企业的规模和技术装备水平，施工企业专业化和协作的水平以及企业员工的技术水平和操作的熟练程度等几个方面，这些因素不是在短期内所能改变的。因此，应将园林施工成本分析的重点放在影响园林施工成本升降的内部因素上。影响园林施工成本升降的内部因素包括以下几个方面。

（1）材料、能源利用效果。在其他条件不变的情况下，材料、能源消耗定额的高低直接影响材料、燃料成本的升降。材料、燃料价格的变动也直接影响产品成本的升降。可见，材料、能源利用的效果及其价格水平是影响产品成本升降的一项重要因素。

（2）机械设备的利用效果。施工企业的机械设备有自有和租用两种。在机械设备的租用过程中，存在着两种情况：一种是按产量进行承包，并按完成产量计算费用，如土方工程，项目经理部只要按实际挖掘的土方工程量结算挖土费用，而不必过问挖土机械的完好程度和利用程度；另一种是按使用时间（台班）计算机械费用，如塔吊、搅拌机、砂浆机等。如果机械完好率差或在使用中调度不当，必然会影响机械的利用率，从而延长使用时间，增加使用费用。自有机械也要提高机械完好率和利用率，因为自有机械停用，仍要负担固定费用。因此，项目经理部应该给予一定的重视。

由于园林施工的特点，在流水作业和工序搭接上往往会出现某些必然或偶然的施工间隙，影响机械的连续作业；有时，又因为加快施工进度和工种配合，需要机械日夜不停地运转。这样，难免会有一些机械利用率很高，也会有一些机械利用不足，甚至租而不用。利用不足，台班费需要照付；租而不用，则要支付停班费，总之，都将增加机械使用费支出。因此，在机械设备的使用过程中，必须以满足施工需要为前提，加强机械设备的平衡调度，充分发挥机械的效用；同时，还要加强平时的机械设备的维修保养工作，提高机械的完好率，保证机械的正常运转。

（3）园林施工质量水平的高低。对园林施工企业来说，提高园林施工项目质量水平就可以降低园林施工中的故障成本，减少未达到质量标准而发生的一切损失费用，但这也意味着为保证和提高园林项目质量而支出的费用就会增加。可见，园林施工质量水平的高低也是影响园林施工成本的主要因素之一。

（4）人工费用水平的合理性。在实行管理层和作业层两层分离的情况下，园林施工需要的人工和人工费由项目经理部与施工队签订劳务承包合同，明确承包范围、承包金额和双方的权利、义务。对项目经理部来说，除了按合同规定支付劳务费以外，还可能发生一些其他人工费支出。

① 因实物工程量增减而调整的人工和人工费。

② 定额人工以外的估点工工资（如果已按定额人工的一定比例由施工队包干，并已列入承包合同的，不再另行支付）。

③ 对在进度、质量、节约、文明施工等方面作出贡献的班组和个人进行奖励的费用。项目经理部应分析上述人工费的合理性。人工费用合理性是指人工费既不过高也不过低。如果人工费过高，就会增加园林施工的成本；人工费过低，工人的积极性不高，园林施工的质量就有可能得不到保证。

（5）其他影响园林施工成本变动的因素。其他影响园林施工成本变动的因素包括除上述四项以外的措施费用以及为施工准备、组织施工和管理所需要的费用。

2. 园林施工成本分析的作用

（1）有助于恰当评价成本计划的执行结果。园林施工的经济活动错综复杂，在实施成本管理时制订的成本计划，其执行结果往往存在一定偏差，如果简单地根据成本核算资料直接作出结论，则势必影响结论的正确性。反之，若在核算资料的基础上进行深入的分析，则可能作出比较正确的评价。

（2）揭示成本节约和超支的原因，进一步提高企业管理水平。如前所述，成本是反映园林施工经济活动的综合性指标，它直接影响着项目经理部和施工企业生产经营活动的成果。如果园林施工降低了原材料的消耗，减少了其他费用的支出，提高了劳动生产率和设备利用率，这必定会在成本上综合反映出来。借助成本分析，用科学方法，从指标、数学着手，在各项经济指标相互联系中系统地对比分析，揭示矛盾，找出差距，就能正确地查明影响成本高低的各种因素，了解生产经营活动中哪一部门、哪一环节工作作出了成绩或产生了问题，从而可以采取措施，不断提高项目经理部和施工企业经营管理的水平。

（3）寻求进一步降低园林施工成本的途径和方法，不断提高企业的经济效益。对园林施工成本执行情况进行评价，找出成本升降的原因，归根到底是为了挖掘潜力、寻求进一步降低成本的途径和方法。只有把企业的潜力充分挖掘出来，才会使企业的经济效益越来越好。

第二节　园林施工成本分析的方法

一、园林施工成本分析的基本方法

1. 比较法

比较法又称指标对比分析法，就是通过技术经济指标的对比，检查目标的完成情况，分析产生差异的原因，进而挖掘内部潜力。这种方法具有通俗易懂、简单易行、便于掌握的特点，因而得到了广泛的应用，但在应用时必须注意各技术经济指标的可比性。比较法的应用通常有下列形式。

（1）将实际指标与目标指标对比。以此检查目标完成情况，分析影响目标完成的积极因素和消极因素，以便及时采取措施，保证成本目标的实现。在进行实际指标与目标指标对比时，还应注意目标本身有无问题。如果目标本身出现问题，则应调整目标，重新正确评价实际工作的成绩。

（2）本期实际指标与上期实际指标对比。通过这种对比可以看出各项技术经济指标的变动情况和园林施工管理水平的提高程度。

（3）与本行业平均水平、先进水平对比。这种对比可以反映本项目的技术管理和经济管理与行业的平均水平和先进水平的差距，进而采取措施赶超先进水平。

2. 因素分析法

这种方法可用来分析各种因素对成本的影响程度。在进行分析时，首先要假定众多因素中的一个因素发生了变化，而其他因素不变，然后逐个替换，分别比较其计算结果，以确定各个因素的变化对成本的影响程度。因素分析法的计算步骤如下。

（1）确定分析对象，计算出实际数与目标数的差异。

（2）确定该指标是由哪几个因素组成的，并按其相互关系进行排序。

（3）以目标数为基础，将各因素的目标数相乘，作为分析替代的基数。

（4）将各个因素的实际数按照上面的排列顺序进行替换计算，并将替换后的实际数保留下来。

（5）将每次替换计算所得的结果与前一次的计算结果相比较，两者的差异即为该因素对成本的影响程度。

（6）各个因素的影响程度之和应与分析对象的总差异相等。因素分析法是把园林施工成本综合指标分解为各个项目联系的原始因素，以确定引起指标变动的各个因素的影响程度的一种成本费用分析方法。它可以衡量各项因素影响程度的大小，以便查明原因，明确主要问题所在，提出改进措施，达到降低成本的目的。在运用因素分析法分析各项因素影响程度时，采用的一种分析方法叫连环代替法。

采用连环代替法分析的基本过程如下。

（1）以各个因素的计划数为基础，计算出一个总数。

（2）逐项以各个因素的实际数替换计划数。

（3）每次替换后实际数就保留下来，直到所有计划数都被替换成实际数为止。

（4）每次替换后都应求出新的计算结果。

（5）最后将每次替换所得结果与和其相邻的前一个计算结果比较，其差额即为替换的那个因素对总差异的影响程度。

【例6-1】　某施工企业承包一园林工程，计划砌砖工程量1200m³。按预算定额规定，每立方米耗用空心砖510块，每块空心砖计划价格为0.12元；而实际砌砖工程量却达1500m³，每立方米实耗空心砖500块，每块空心砖实际购入价为0.18元。试用连环代替法进行成本分析。

砌砖工程的空心砖成本计算公式为

$$空心砖成本＝砌砖工程量×每立方米空心砖消耗量×空心砖价格 \tag{6-1}$$

采用连环代替法分别对上述三个因素对空心砖成本的影响进行分析，计算过程和结果如表6-1所示。

表6-1　砌砖工程空心砖成本分析

计算顺序	砌砖工程量	每立方米空心砖消耗量	空心砖价格/元	空心砖成本/元	差异数/元	差异原因
计划数	1200	510	0.12	73440		
第一次代替	1500	510	0.12	91800	18360	工程量增加空心砖节约价格提高
第二次代替	1500	500	0.12	90000	−1800	
第三次代替	1500	500	0.18	135000	4500	
合计				61560		

以上分析结果表明，实际空心砖成本比计划超了61560元，主要原因是工程量增加和空心砖价格提高。另外，由于节约空心砖消耗，使空心砖成本节约了1800元，这是好的现象，应该总结经验、继续发扬。

3. 差额计算法

差额计算法是因素分析法的一种简化形式，它利用各个因素的目标与实际的差额来计算其对成本的影响程度。

【例6-2】　某园林施工项目某月的实际成本降低额比目标数提高了2.00万元，根据表6-2中资料，应用差额计算法分析预算成本和成本降低率对成本降低额的影响程度。

表 6-2　降低成本目标与实际对比

项目	目标	实际	差异
预算成本/万元	310	320	+10
成本降低率/%	4	4.5	+0.5
成本降低额/万元	12.4	14.4	+2.00

（1）预算成本增加对成本降低额的影响程度。

$$(320-310)\times 4\% = 0.40\ 万元$$

（2）成本降低率提高对成本降低额的影响程度。

$$(4.5\%-4\%)\times 320 = 1.60\ 万元$$

以上两项合计

$$0.40+1.60 = 2.00\ 万元$$

4. 比率法

比率法是指用两个以上指标的比例进行分析的方法。它的基本特点是：先把对比分析的数值变成相对数，再观察其相互之间的关系。常用的比率法有以下几种。

（1）相关比率法。由于项目经济活动的各个方面是相互联系、相互依存又相互影响的，因此可以将两个性质不同而又相关的指标加以对比，求出比率，并以此来考察经营成果的好坏。例如，产值和工资是两个不同的概念，但它们的关系又是投入与产出的关系。在一般情况下，都希望以最少的工资支出完成最大的产值，因此用产值工资率指标来考核人工费的支出水平就很能说明问题。

（2）构成比率法。又称比重分析法或结构对比分析法。通过构成比率可以考察成本总量的构成情况及各成本项目占成本总量的比重，同时也可看出量、本、利的比例关系（即预算成本、实际成本和降低成本的比例关系），从而为寻求降低成本的途径指明方向，见表 6-3。

表 6-3　成本构成比例分析　　　　　　　　　　　　　单位：万元

成本项目	预测成本		项目成本		降低成本		
	金额	比重	金额	比重	金额	占本项/%	占总量/%
一、直接成本	1263.79	93.20	1200.31	92.38	63.48	5.02	4.68
1. 人工费	113.36	8.36	119.28	9.18	-5.92	-1.09	-0.44
2. 材料费	1006.56	74.23	939.67	72.32	66.89	6.65	4.93
3. 机械使用费	87.60	6.46	89.65	6.90	-2.05	-2.34	-0.15
4. 措施费	56.27	4.15	51.71	3.98	4.56	8.10	0.34
二、间接成本	92.21	6.80	99.01	7.62	-6.80	-7.37	0.50
成本总量	1356.00	100.00	1299.32	100.00	56.68	4.18	4.18
量本利比例/%	100.00		95.82		4.18		

（3）动态比率法。动态比率法就是将同类指标不同时期的数值进行对比，求出比率，用以分析该项指标的发展方向和发展速度。动态比率的计算通常采用基期指数和环比指数两种方法（表6-4）。

表6-4 指标动态比较

指标	第一季度	第二季度	第三季度	第四季度
降低成本/万元	45.6	47.8	52.50	64.30
基期指数/%（一季度＝100）		104.82	115.13	141.01
环比指数/%（上一季度＝100）		104.82	109.83	122.48

5. "两算"对比法

（1）"两算"对比的概念。"两算"对比，即施工预算和施工图预算对比。施工图预算确定的是工程预算成本，施工预算确定的是工程计划成本，它们是从不同角度计算的两本经济账。"两算"的核心是工程量对比。尽管"两算"采用的定额不同、工序不同，工程量有一定区别，但两者的主要工程量应当是一致的。如果"两算"的工程量不一致，必然有一份出现了问题，应当认真检查并解决问题。

"两算"对比是建筑施工企业加强经营管理的手段。通过施工预算和施工图预算的对比，可预先找出节约或超支的原因，研究解决措施，实现对人工、材料和机械的事先控制，避免发生计划成本亏损。

（2）"两算"对比的方法。"两算"对比以施工预算所包括的项目为准，对比内容包括主要项目工程量、用工数及主要材料消耗量，但具体内容应结合各项目的实际情况而定。"两算"对比可采用实物量对比法和实物金额对比法。

① 实物量对比法。实物量是指分项工程中所消耗的人工、材料和机械台班消耗的实物数量。对比是将"两算"中相同项目所需要的人工、材料和机械台班消耗量进行比较，或以分部工程及单位工程为对象，将"两算"的人工、材料汇总数量相比较。因"两算"各自的项目划分不完全一致，为使两者具有可比性，常常需要经过项目合并、换算之后才能进行对比。由于预算定额项目的综合性较施工定额项目大，故一般是合并施工预算项目的实物量，使其与预算定额项目相对应，然后再进行对比。表6-5提供了砌筑砖墙分项工程的"两算"对比情况。

表6-5 砌筑砖墙分项工程的"两算"对比

项目名称	数量/m³	内容	人工材料种类		
			人工/工日	砂浆/m³	砖/千块
一砖墙	245.8	施工预算	322.0	54.8	128.1
		施工图预算	410.6	55.1	128.6
1/2砖墙	6.4	施工预算	10.3	1.24	3.56
		施工图预算	11.5	1.39	4.05
合计	252.2	"两算"对比差额	322.3	56.04	131.66
			422.1	56.49	132.65
		"两算"对比差额率/%	+89.8 +21.27	+0.45 +0.80	+0.99 +0.75

② 实物金额对比法。实物金额是指分项工程所消耗的人工、材料和机械台班的金额费用。由于施工预算只能反映完成项目所消耗的实物量，并不反映其价值，为使施工预算与施工图预算进行金额对比，就需要将施工预算中的人工、材料和机械台班的数量乘以各自的单价，汇总成人工费、材料费和机械台班使用费，然后与施工图预算的人工费、材料费和机械台班使用费相比较。

（3）"两算"对比的有关说明。

① 人工数量。一般施工预算应低于施工图预算工日数的10%～15%，这是因为施工定额与预算定额水平不一样。在预算定额编制时，考虑到在正常施工组织的情况下工序搭接及土建与水电安装之间的交叉配合所需停歇时间，工程质量检查及隐蔽工程验收而影响的时间和施工中不可避免的少量零星用工等因素，留有10%～15%定额人工幅度差。

② 材料消耗。一般施工预算应低于施工图预算的消耗量。由于定额水平不一致，有的项目会出现施工预算消耗量大于施工图预算消耗量的情况，这时需要调查分析，根据实际情况调整施工预算用量后再分析对比。

③ 机械台班数量及机械费的"两算"对比。由于施工预算是根据施工组织设计或施工方案规定的实际进场施工机械种类、型号、数量和工作时间编制计算机械台班的，而施工图预算的定额的机械台班是根据一般配置综合考虑多以金额表示的，所以一般以"两算"的机械费用相对比，且只能核算搅拌机、卷扬机、塔吊、汽车吊和履带吊等大中型机械台班费是否超过施工图预算机械费。如果机械费大量超支，没有特殊情况，应改变施工采用的机械方案，尽量做到不亏本并略有盈余。

④ 脚手架工程无法按实物量进行"两算"对比，只能用金额对比。施工预算是根据施工组织设计或施工方案规定的搭设脚手架内容计算工程量和费用的，而施工图预算按定额综合考虑，按建筑面积计算脚手架的摊销费用。

二、 园林施工综合成本的分析方法

园林施工综合成本是指涉及多种生产要素，并受多种因素影响的成本费用，如分部分项园林工程成本，月（季）度成本、年度成本等。由于这些成本都是随着园林施工的进展而逐步形成的，与生产经营有着密切的关系。因此，做好上述成本的分析工作，无疑将促进园林施工的生产经营管理，提高园林项目的经济效益。

1. 分部分项工程成本分析

分部分项工程成本分析是园林施工成本分析的基础。分部分项工程成本分析的对象为已完成分部分项工程。分析的方法是：进行预算成本、目标成本和实际成本的"三算"对比，分别计算实际偏差和目标偏差，分析偏差产生的原因，为今后的分部分项工程成本寻求节约途径。分部分项工程成本分析的资料来源是：预算成本来自投标报价成本，目标成本来自施工预算，实际成本来自施工任务单的实际工程量、实耗人工和限额领料单的实耗材料。

由于园林施工包括很多分部分项工程，不可能也没有必要对每一个分部分项工程都进行成本分析，特别是一些工程量小、成本费用微不足道的零星工程。但是，对于那些主要分部分项工程则必须进行成本分析，而且要做到从开工到竣工进行系统的成本分析。这是一项很有意义的工作，因为通过主要分部分项工程成本的系统分析，可以基本上了解项目成本形成的全过程，为园林竣工成本分析和今后的园林施工成本管理提供一份宝贵的参考资料。分部分项工程成本分析表的格式见表 6-6。

表 6-6　分部分项工程成本分析

单位工程：

分部分项工程名称：　　　　　　工程量：　　　　　施工班组：　　　　　　施工日期：

工料名称	规格	单位	单价	预算成本		计划成本		实际成本		实际与预算比较		实际与计划比较	
				数量	金额	数量	金额	数量	金额	数量	金额	数量	金额
合计													
实际与预算比较/%（计划=100）				—	—	—	—	—	—	—	—	—	—
实际与计划比较/%（计划=100）				—	—	—	—	—	—	—	—	—	—
节超原因说明													

编制单位：　　　　　　成本员：　　　　　　填表日期：

2. 月（季）度成本分析

月（季）度的成本分析是园林施工定期的、经常性的中间成本分析，对于有一次性特点的园林施工项目来说有着特别重要的意义。通过月（季）度成本分析可以及时发现问题，以便按照成本目标指示的方向进行监督和控制，保证园林项目成本目标的实现。

月（季）度的成本分析的依据是当月（季）的成本报表，分析的方法通常有以下几种。

（1）通过实际成本与预算成本的对比，分析当月（季）的成本降低水平；通过累计实际成本与累计预算成本的对比，分析累计的成本降低水平，预测实现园林施工成本目标的前景。

（2）通过实际成本与目标成本的对比，分析目标成本的落实情况以及目标管理中的问题和不足，进而采取措施，加强成本管理，保证成本目标的落实。

（3）通过对各成本项目的成本分析可以了解成本总量的构成比例和成本管理的薄弱环节。例如：在成本分析中，发现人工费、机械费和间接费等项目大幅度超支，就应该对这些费用的收支配比关系认真研究，并采取对应的增收节支措施，防止今后再超支。如果是属于预算定额规定的"政策性"亏损，则应从控制支出着手，把超支额压缩到最低限度。

（4）通过主要技术经济指标的实际与目标的对比，分析产量、工期、质量、"三材"节约率、机械利用率等对成本的影响。

（5）通过对技术组织措施执行效果的分析寻求更加有效的节约途径。

(6) 分析其他有利条件和不利条件对成本的影响。

3. 年度成本分析

　　企业成本要求一年结算一次，不得将本年成本转入下一年度。项目成本则以园林项目的寿命周期为结算期，要求从开工、竣工到保修期结束连续计算，最后结算出成本总量及其盈亏。由于园林工程的施工周期一般较长，除进行月（季）度成本核算和分析外，还要进行年度成本的核算和分析。这不仅是为了满足企业汇编年度成本报表的需要，同时也是园林施工成本管理的需要，因为通过年度成本的综合分析，可以总结一年来成本管理的成绩和不足，为今后的成本管理提供经验和教训，从而可对园林施工成本进行更有效的管理。

　　年度成本分析的依据是年度成本报表。年度成本分析的内容，除了月（季）度成本分析的六个方面以外，重点是针对下一年度的施工进展情况规划提出切实可行的成本管理措施，以保证园林施工成本目标的实现。

4. 竣工成本的综合分析

　　凡是有几个单位工程而且是单独进行成本核算（即成本核算对象）的施工项目，其竣工成本分析应以各单位工程竣工成本分析资料为基础，再加上项目经理部的经营效益（如资金调度、对外分包等所产生的效益）进行综合分析。如果园林施工只有一个成本核算对象（单位工程），就以该成本核算对象的竣工成本资料作为成本分析的依据。单位工程竣工成本分析应包括以下三方面内容。

　　(1) 竣工成本分析。

　　(2) 主要资源节超对比分析。

　　(3) 主要技术节约措施及经济效果分析。

　　通过以上分析，可以全面了解单位工程的成本构成和降低成本的来源，对今后同类园林工程的成本管理很有参考价值。

三、 园林施工专项成本的分析方法

1. 成本盈亏异常分析

　　对园林施工项目来说，成本出现盈亏异常情况必须引起高度重视，彻底查明原因，立即加以纠正。

　　检查成本盈亏异常的原因，应从经济核算的"三同步"入手。项目经济核算的基本规律是：在完成多少产值、消耗多少资源、发生多少成本之间，有着必然的同步关系。如果违背这个规律，就会发生成本的盈亏异常。

　　"三同步"检查是提高项目经济核算水平的有效手段，不仅适用于成本盈亏异常的检查，也可用于月度成本的检查。"三同步"检查可以通过以下方面的对比分析来实现。

　　(1) 产值与施工任务单的实际工程量和形象进度是否同步；

　　(2) 资源消耗与施工任务单的实耗人工、限额领料单的实耗材料、当期租用的周转材料和施工机械是否同步；

　　(3) 其他费用（如材料价差、超高费、井点抽水的打拔费和台班费等）的产值统计与实际支付是否同步；

　　(4) 预算成本与产值统计是否同步；

　　(5) 实际成本与资源消耗是否同步。

实践证明，把以上方面的同步情况查明以后，成本盈亏的原因自然一目了然。月度成本盈亏异常情况分析表的格式见表6-7。

表 6-7　月度成本盈亏异常情况分析

工程名称		结构层数		年　月		预算造价			万元	

到月末的形象季度										
累计完成产值			累计点交预算成本							
累计发生实际产值			累计降低或亏损		金额				率/%	
本月完成产值			本月点交预算成本							
本月发生实际成本			本月降低或亏损		金额				率/%	

已完工程及费用名称	单位	数量	产值	实耗人工		资源消耗										机械租费	工料机金额合计
						实耗材料											
						金额小计	其中										
							水泥		钢材		木材		结构件	设备			
							数量	金额	数量	金额	数量	金额	金额	租费			
				工期	金额												

2. 工期成本分析

在一般情况下，工期越长费用支出越多，工期越短费用支出越少。特别是固定成本的支出，基本上是与工期长短成正比增减的，是进行工期成本分析的重点。工期成本分析，就是计划工期成本与实际工期成本的比较分析。

工期成本分析的方法一般采用比较法，即将计划工期成本与实际工期成本进行比较，然后应用因素分析法分析各种因素的变动对工期成本差异的影响程度。

进行工期成本分析的前提条件是：根据施工图预算和施工组织设计进行量本利分析，计算施工项目的产量、成本和利润的比例关系，然后用固定成本除以合同工期，求出每月支用的固定成本。

3. 质量成本分析

质量成本分析，即根据质量成本核算的资料进行归纳、比较和分析，共包括四个分析内容：

（1）质量成本总额的构成内容分析。

（2）质量成本总额的构成比例分析。

（3）质量成本各要素之间的比例关系分析。

（4）质量成本占预算成本的比例分析。

上述分析内容可在一张质量成本分析表中反映。

4. 资金成本分析

资金与成本的关系，就是园林工程收入与成本支出的关系。根据园林工程成本核算的特点，园林工程收入与成本支出有很强的配比性。在一般情况下，都希望园林工程收入越多越好，成本支出越少越好。

园林施工的资金来源主要是工程款收入，而施工耗用的人、财、物的货币表现则是工程成本支出。因此，减少人、财、物的消耗，既能降低成本，又能节约资金。

进行资金成本分析，通常应用成本支出率指标，即成本支出占工程款收入的比例。其计算公式为

$$成本支出率 = \frac{计算期实际成本支出}{计算期实际工程款收入} \times 100\% \qquad (6-2)$$

通过对成本支出率的分析可以看出资金收入中用于成本支出的比重有多大；也可通过加强资金管理来控制成本支出；还可联系储备金和结存资金的比重，分析资金使用的合理性。

5. 技术组织措施执行效果分析

技术组织措施是园林施工项目降低园林工程成本、提高经济效益的有效途径。因此，在开工以前都要根据园林工程特点编制技术组织措施计划，列入施工组织设计。在施工过程中，为了落实施工组织设计所列技术组织措施计划，可以结合月度施工作业计划的内容编制月度技术组织措施计划，同时还要对月度技术组织措施计划的执行情况进行检查和考核。

在实际工作中，往往有些措施已按计划实施，有些措施并未实施，还有一些措施则是计划以外的。因此，在检查和考核措施计划执行情况的时候，必须分析未按计划实施的具体原因，作出正确的评价，以免挫伤有关人员的积极性。

对执行效果的分析也要实事求是，既要按理论计算，又要联系实际，对节约的实物进行验收，然后根据实际节约效果论功行赏，以激励有关人员执行技术组织措施的积极性。

技术组织措施必须与园林施工的工程特点相结合。技术组织措施有很强的针对性和适应性（当然也有各施工项目通用的技术组织措施）。节约效果一般按式（6-3）计算，即

$$措施节约效果 = 措施前的成本 - 措施后的成本 \qquad (6-3)$$

对节约效果的分析需要联系措施的内容和执行经过来进行。有些措施难度比较大，但节约效果并不高；而有些措施难度并不大，但节约效果却很高。因此，在对技术组织措施执行效果进行考核的时候，也要根据不同情况区别对待。对于在园林施工管理中影响比较大、节约效果比较好的技术组织措施，应该以专题分析的形式进行深入详细的分析，以便推广应用。

6. 其他有利因素和不利因素对成本影响的分析

在园林施工过程中，必然会有很多有利因素，同时也会碰到不少不利因素。不管是有利因素还是不利因素，都将对园林施工成本产生影响。

对待这些有利因素和不利因素，项目经理首先要有预见，有抵御风险的能力；同时还要把握机遇，充分利用有利因素，积极争取转换不利因素，这样就会更有利于园林施工，也更有利于园林施工成本的降低。

这些有利因素和不利因素包括工程结构的复杂性和施工技术上的难度，施工现场的自然地理环境（如水文、地质、气候等）以及物资供应渠道和技术装备水平等。它们对园林施工成本的影响需要具体问题具体分析。这里只能作为一项成本分析的内容提出来，有待今后根

据施工中接触到的实际问题进行分析。

四、 园林施工目标成本差异分析方法

1. 人工费分析

人工费分析的主要依据是园林工程预算工日和实际人工的对比,分析出人工费的节约和超用的原因。影响人工费节约或超支的主要因素有两个:人工费量差和人工费价差。

(1) 人工费量差。计算人工费量差首先要计算工日差,即实际耗用工日数同预算定额工日数的差异。预算定额工日根据验工月报或设计预算中的人工费补差取得。根据外包管理部门的包清工成本工程款月报列出实物量定额工日数和估点工工日数,两工日差乘以预算人工单价计算得人工费量差。计算后可以看出,由于实际用工增加或减少,人工费增加或减少。

(2) 人工费价差。计算人工费价差先要计算出每工人工费价差,即预算人工单价和实际人工单价之差。预算人工费除以预算工日数得出预算人工平均单价。实际人工单价等于实际人工费除以实耗工日数,每工人工费价差乘以实耗工日数人工费价差。计算后可以看出,由于每工人工单价增加或减少,人工费增加或减少。

人工费量差与人工费价差的计算公式如下,即

$$人工费量差 = (实际耗用工日数 - 预算定额工日数) \times 预算人工单价 \qquad (6\text{-}4)$$

$$人工费价差 = 实际耗用工日数 \times (实际人工单价 - 预算人工单价) \qquad (6\text{-}5)$$

影响人工费节约或超支的原因是错综复杂的,除上述分析外,还应分析定额用工、估点工用工,并从管理上找原因。

2. 材料费分析

(1) 主要材料和结构件费用的分析。主要材料和结构件费用的高低,主要受价格和消耗数量的影响。材料价格的变动,要受采购价格、运输费用、途中损耗、来料不足等因素的影响;材料消耗数量的变动,要受操作损耗、管理损耗和返工损失等因素的影响,可在价格变动较大和数量超用异常的时候再作深入分析。为了分析材料价格和消耗数量的变化对材料和结构件费用的影响程度,可按式(6-6)、式(6-7)计算,即材料价格变动对材料费的影响为

$$(预算单价 - 实际单价) \times 消耗数量 \qquad (6\text{-}6)$$

消耗数量变动对材料费的影响为

$$(预算用量 - 实际用量) \times 预算价格 \qquad (6\text{-}7)$$

主要材料和结构件差异分析表的格式见表 6-8。

表 6-8 主要材料和结构件差异分析

材料名称	价格差异				数量差异				成本差异
	实际单价	目标单价	节超	价差金额	实际用量	目标用量	节超	价差金额	

（2）周转材料使用费分析。在实行周转材料内部租赁制的情况下，项目周转材料费的节约或超支决定于周转材料的周转利用率和损耗率。如果周转慢，周转材料的使用时间就长，就会增加租赁费支出；而超过规定的损耗，更要照原价赔偿。周转利用率和损耗率的计算公式如下，即

$$周转利用率 = \frac{实际使用数 \times 租用期内的周转次数}{进场数 \times 租用期} \times 100\% \tag{6-8}$$

$$损耗率 = \frac{退场数}{进场数} \times 100\% \tag{6-9}$$

【例 6-3】　某园林施工项目需要定型钢模，考虑周转利用率 85%，租用钢模 4500m²，月租金 5 元/m²。由于加快施工进度，实际周转利用率达到 90%。可用差额分析法计算周转利用率的提高对节约周转材料使用费的影响程度。具体计算如下，即

$$(90\% - 85\%) \times 4500 \times 5 = 1125 \text{ 元}$$

（3）采购保管费分析。材料采购保管费属于材料的采购成本，包括材料采购保管人员的工资、工资附加费、劳动保护费、办公费、差旅费以及材料采购保管过程中发生的固定资产使用费、工具用具使用费、检验试验费、材料整理及零星运费和材料物资的盘亏及毁损等。

材料采购保管费一般应与材料采购数量同步，即材料采购多，采购保管费也会相应增加。因此，应该根据每月实际采购的材料数量（金额）和实际发生的材料采购保管费计算材料采购保管费支用率，作为前后期材料采购保管费的对比分析之用。

材料采购保管支用率的计算公式如下，即

$$材料采购保管费支用率 = \frac{计算期实际发生的采购保管费}{计算期实际采购的材料总值} \times 100\% \tag{6-10}$$

（4）材料储备资金分析。材料的储备资金是根据日平均用量、材料单价和储备天数（即从采购到进场所需要的时间）计算的。上述任何一个因素的变动都会影响储备资金的占用量。材料储备资金的分析可以应用因素分析法。现以水泥的储备资金举例说明，已知条件见表 6-9。

表 6-9　储备资金计划与实际对比

项目	技术	实际	差异
日平均用量/t	50	60	10
单价/元	400	420	20
储备天数/元	7	6	−1
储备金额/万元	14.00	15.12	1.12

根据上述数据，分析日平均用量、单价和储备天数等因素的变动对水泥储备资金的影响程度。

应用因素分析法的分析结果见表 6-10。

表 6-10　储备资金因素分析

	连环替代计算	差异/万元	因素分析
计划数	50×400×7＝140000 元		
第一次替代	60×400×7＝168000 元	2.80	由于日平均用量增加 10t，增加储备资金 2.80 万元
第二次替代	60×420×7＝176400	0.84	由于日平均用量增加 10t，增加储备资金 2.80 万元

续表

	连环替代计算	差异/万元	因素分析
第三次替代	60×420×6=151200	−2.52	由于储备天数缩短一天,减少储备资金 2.52 万元
合计	2.8+0.84−2.52=1.12 万元	1.12	

从以上分析内容来看,储备天数的长短是影响储备资金的关键因素。因此,材料采购人员应该选择运距短的供应单位,尽可能减少材料采购的中转环节,缩短储备天数。

3. 机械使用费分析

它主要通过实际成本与目标成本之间的差异分析。目标成本分析主要列出超高费和机械费补差收入。施工机械有自有和租赁两种。租赁的机械在使用时要支付使用台班费,停用时要支付停班费。因此,要充分利用机械,以减少台班使用费和停班费的支出。自有机械也要提高机械完好率和利用率,因为自有机械停用仍要负担固定费用。机械完好率与机械利用率的计算公式如下,即

$$机械完好率=\frac{报告期机械完好台班数+加班台班}{报告期制度台班数+加班台数}×100\% \qquad (6-11)$$

$$机械利用率=\frac{报告期机械实际工作台班数+加班台班}{报告期制度台班数+加班台数}×100\% \qquad (6-12)$$

完好台班数,是指机械处于完好状态下的台班数,它包括修理不满一天的机械,但不包括待修、在修、送修在途的机械。在计算完好台班数时,只考虑是否完好,不考虑是否在工作。制度台班数是指本期内全部机械台班数与制度工作天的乘积,不考虑机械的技术状态和是否工作。

机械使用费的分析要从租赁机械和自有机械这两方面入手。使用大型机械的要着重分析预算台班数、台班单价及金额,同实际台班数、台班单价及金额相比较,通过量差、价差进行分析。

4. 措施费分析

措施费的分析,主要应通过预算与实际数的比较来进行。如果没有预算数,可以计划数代替预算数。其比较表的格式见表 6-11。

表 6-11 措施费目标与实际比较
单位:万元

序号	项目	目标	实际	差异
1	环境保护			
2	文明施工			
3	安全施工			
4	临时设施			
5	夜间施工			
6	二次搬运			
7	大型机械设备进出场及安拆			

续表

序号	项目	目标	实际	差异
8	混凝土、钢筋混凝土模板及支架			
9	脚手架			
10	已完工程及设备保护			
11	施工排水、降水			

5. 间接成本分析

间接成本是指为施工设备、组织施工生产和管理所需要的费用，主要包括现场管理人员的工资和进行现场管理所需要的费用。

将其实际成本和目标成本、实际发生数与目标数逐项加以比较，就能发现超额完成施工计划对间接成本的节约或浪费及其发生的原因。间接成本目标与实际比较表的格式见表6-12。

表6-12　间接成本目标与实际比较　　　　　　　　　单位：万元

序号	项目	目标	实际	差异	备注
1	现场管理人员工资				包括职工福利费和劳动保护费
2	办公费				包括生活用水电费、取暖费
3	差旅交通费				
4	固定资产使用费				包括折旧及修理费
5	物资消耗费				
6	低值易耗品摊销费				指行政生活用的低值易耗品
7	财产保险费				
8	检验试验费				
9	工程保修费				
10	排污费				
11	其他费用				
	合计				

6. 园林施工目标成本差异汇总分析

用目标成本差异分析方法分析完各成本项目后，再将所有成本差异汇总进行分析。目标成本差异汇总表的格式见表6-13。

表6-13　目标成本差异汇总

部位：　　　　　　　　　　　　　　　　　　　　　　　　单位：万元

成本项目	实际成本	目标成本	差异金额	差异率/%
人工费				
材料费				

续表

成本项目	实际成本	目标成本	差异金额	差异率/%
结构件				
周转材料费				
机械使用费				
措施费				
施工间接成本				
合计				

第七章

园林施工成本考核

第一节 园林施工成本考核概述

一、 园林施工成本考核的概念

园林施工成本考核的目的，在于贯彻落实责任与权利相结合的原则，促进成本管理工作的健康发展，更好地完成园林施工的成本目标。在园林施工项目的成本管理中，项目经理和所属部门、施工队和生产班组都有明确的成本管理责任，而且有定量的责任成本目标。通过定期和不定期的成本考核，既可对他们加强督促，又可调动他们对成本管理的积极性。

园林施工成本管理是一个系统工程，而成本考核则是系统的最后一个环节。如果对成本考核工作抓得不紧，或者不按正常的工作要求进行考核，前面的成本预测、成本控制、成本核算、成本分析都将得不到及时正确的评价。这不仅会挫伤有关人员的积极性，而且会给今后的成本管理带来不可估量的损失。

园林施工成本考核特别要强调园林施工过程中的中间考核，这对具有一次性特点的园林施工来说尤为重要。因为通过中间考核发现问题，还能"亡羊补牢"；而竣工后的成本考核虽然也很重要，但对成本管理的不足和由此造成的损失已经无法弥补。

园林施工成本考核包括两方面的考核，即项目成本目标（降低成本目标）完成情况的考核和成本管理工作业绩的考核。这两方面的考核都属于企业对园林施工经理部成本监督的范畴。应该说，成本降低水平与成本管理工作之间有着必然的联系，又同受偶然因素的影响，但都是对园林项目成本评价的一个方面，都是企业对园林项目成本进行考核和奖罚的依据。

园林施工的成本考核可以分为两个层次：一是企业对项目经理的考核；二是项目经理对所属部门、施工队和班组的考核。通过层层考核，督促项目经理、责任部门和责任者更好地完成自己的责任成本，从而形成实现项目成本目标的层层保证体系。

二、 园林施工成本考核的意义

园林施工成本考核是园林施工成本核算的一个重要部分，是园林项目落实成本控制目标的关键。它是根据园林施工成本总计划支出情况，并在结合项目施工方案、施工手段和施工工艺、讲究技术进步和成本控制的基础上提出的，是针对项目不同的管理岗位人员而作出的成本耗费目标要求。公司项目施工成本控制总额落实给项目，公司完成了一个总的把握，但这还不够，还需要进一步细化，就是说要把公司落实给园林项目的施工成本责任总额，在经项目挤出余度后，根据项目人员组成和岗位配备情况，按一定的方法分解给各个管理岗位或主要管理者，在此基础上按管理岗位分解指标，责任到人，实行风险抵押、按期考核。

园林施工成本责任总额的确定，仅仅是园林施工成本控制的开始。园林施工成本只有把控制指标通过一定的方法和手段分解到每个岗位和每个管理者，并通过风险抵押和严格的奖罚措施，使项目总的成本控制指标变成若干个分项指标，变项目经理一个人的压力为群体压力，才能实现园林施工成本的分层控制和把握。只有这样，园林施工成本管理和园林施工成本控制的目标才能实现。因此，项目岗位成本考核是园林施工成本核算，特别是园林施工成本控制的基础。没有这个基础，园林施工成本控制就得不到落实，最终会导致园林施工成本控制目标得不到实现。

三、 园林施工成本考核的原则

一份园林工程项目标书就是一个管理对象，而这个管理对象是订单生产者。在结构、工程标价、高度、面积等方面，每个项目都不同，致使我们必须按项目的特点组织施工生产。也正因为这个特点，需要我们针对每个项目组织资源投入和管理人员的合理分工。虽然它们有这样和那样的特点和不同，但仍然有一定的原则可以遵循。

1. 按照项目经理部人员分工进行成本内容确定

每个项目有大有小，管理人员投入量也有不同。项目大的，管理人员就多一些。项目有几个栋号施工时，还可能设立相应的栋号长，分别对每个单体工程或几个单体工程进行协调管理。工程体量小时，项目管理人员就相应减少，一个人可能兼几份工作。所以，成本考核以人和岗位为主，没有岗位就计算不出管理目标，同样没有人，就会失去考核的责任主体。

2. 简单易行、 便于操作

园林项目的施工生产每时每刻都在发生变化，考核项目的成本必须让项目相关管理人员明白。由于管理人员的专业特点，对一些相关概念不可能很清楚，所以我们确定的考核内容必须简单明了，要让考核者一看就能明白。

3. 及时性原则

岗位成本要考核实时成本，如果还以传统的会计核算那样，就失去了考核的目的，所以时效性对于园林施工成本考核来说就是生命。

四、 园林施工成本考核的方法

1. 园林施工成本考核采取评分制

园林施工根据责任成本完成情况和成本管理工作业绩确定权重后，按考核的内容评分。

2. 园林施工的成本考核要与相关指标的完成情况相结合

成本的考核评分要考虑相关指标的完成情况，并予以嘉奖或扣罚。与成本考核相结合的相关指标一般有进度、质量、安全和现场标准化管理。

3. 强调园林施工成本的中间考核

园林施工成本的中间考核一般有月度成本考核和阶段成本考核。成本的中间考核能更好地带动今后成本的管理工作，保证园林工程成本目标的实现。

4. 正确考核园林施工的竣工成本

园林施工的竣工成本是在园林工程竣工和工程款结算的基础上编制的，它是竣工成本考核的依据，是园林工程成本管理水平和项目经济效益的最终反映，也是考核承包经营情况、实施奖罚的依据。因此，必须做到核算无误，考核正确。

5. 园林施工成本的奖罚

园林施工的成本考核可分为月度考核、阶段考核和竣工考核三种。为贯彻责、权、利相结合原则，应在园林施工成本考核的基础上确定成本奖罚标准，并通过经济合同的形式明确规定，及时兑现。

月度成本考核和阶段成本考核实施奖罚应留有余地，待项目竣工成本考核后再进行调整。

五、 园林施工成本考核的内容

1. 企业对项目经理考核的内容

（1）园林施工成本目标和阶段成本目标的完成情况。

（2）建立以项目经理为核心的成本管理责任制的落实情况。

（3）成本计划的编制和落实情况。

（4）对各部门、各作业队和班组责任成本的检查和考核情况。

（5）在成本管理中贯彻责、权、利相结合原则的执行情况。

2. 项目经理对所属各部门、 各作业队和班组考核的内容

（1）对各部门的考核内容

① 本部门、本岗位责任成本的完成情况。

② 本部门、本岗位成本管理责任的执行情况。

（2）对各作业队的考核内容

① 对劳务合同规定的承包范围和承包内容的执行情况。

② 劳务合同以外的补充收费情况。

③ 对班组施工任务单的管理情况以及班组完成施工任务后的考核情况。

（3）对生产班组的考核内容（平时由作业队考核）

以分部分项工程成本作为班组的责任成本，以施工任务单和限额领料单的结算资料为依据，与园林施工预算进行对比，考核班组责任成本的完成情况。

第二节　园林施工岗位成本考核

一、 园林施工岗位成本考核的概念

园林施工岗位成本考核内容一般按项目管理岗位而定。园林工程项目有大小，大的可有几亿，小的只有几百万，项目经理部人员和管理者的数量一般按规模大小和工作岗位要求进

行人员配备。园林工程体量大的，特别是项目有多个单体组成的则人员多一些。如有多个工长组成，每个工长负责一个项目的施工组织；项目由两个财务人员组成，分别负责出纳工作和核算工作；材料部门由几个人员组成，分别负责大宗材料、仓库保管、周转材料及租赁材料的保管和材料总负责等。

　　体量小一些的项目可能只有一个工长，甚至于项目经理也可兼任，项目不需开展成本直接核算；会计人员只要一个成本员即可；材料员也是同理，只需要一个材料人员就能完成本职工作；另由项目安排一人或多人兼职对其材料验收和耗费进行监督即可。因此，项目人员配备不是一成不变的，而是要根据园林工程的规模和体量灵活安排。在人员数量和选配上要注意以下几点。

　　（1）项目人员的选配要考虑专业性，项目管理很大部分是公司管理内容的浓缩，可谓是麻雀虽小，五脏俱全。不能因为要控制成本开支，就不加考虑地压缩人员，使项目实际运行过程中大量工作无人做，或者由不懂本专业的人员去做，致使项目各项工作运行不好，甚至于不能很好地履行与业主的合约。因此，对于项目人员的选配，既要精干，又要保证园林施工生产和管理工作的正常进行。

　　（2）在园林施工生产过程中项目经理对人员的管理要到位针对每个管理岗位制订岗位责任制、项目管理程序和管理要求以及相应的考评和奖罚规定，使项目整个管理工作按规定程序和规定的时间，由规定的人员去按质按量地完成。

　　（3）正确认识园林施工成本核算。园林施工的成本核算是园林工程成本核算的一部分。园林工程成本核算中所需的大量第一手资料依赖于项目提供。园林施工成本核算和成本考核工作需要公司提供人员进行工作，园林施工的成本核算和园林施工岗位成本考核也需要公司进行指导、把握和要求。所以，园林施工的核算工作必须是也只能是公司核算的一个部分，必须按公司的规定正确组织园林施工成本的岗位考核。

二、　园林施工岗位成本考核的流程

　　园林施工岗位成本考核是项目经理部进行的一项重要管理活动。岗位成本考核的流程如下。

1. 落实园林施工责任成本

　　公司与园林施工项目在开工前，或者在开工后尽量短的一段时间内，计算项目的标准成本，同时与项目经理部谈判园林施工责任成本，经双方确定认后，签订园林施工责任成本合同。

2. 落实园林施工管理人员安排和工作岗位

　　一般情况下施工企业在实施园林项目责任成本管理工作中有一套制度来规范、管理项目的成本管理工作，其中就会有一项关于不同园林项目的人员配备要求和岗位设置要求。这些指导性文件或规定也是计算园林项目中的管理人员工资的基础。因此，公司要与园林项目一起计算、落实项目管理人员数量、岗位设置，包括工资标准和工资总额，同时对每个管理人员落实管理岗位和管理工作范围，如合约副经理兼统计收入工作，会计人员兼项目办公室负责人等。项目有些关键管理岗位的工人或工班长有时也承揽相应的管理责任。

3. 分解园林项目责任成本，测算园林项目的内控成本

　　按照园林项目的管理情况和管理人员及其岗位的配置情况分解责任成本指标，这个指标分解应该是全面性、覆盖性的，即园林项目责任成本在每个岗位分配指标后应与园林项目的

目标成本一致，不留缺口，用公式表示则为：

$$项目责任成本 = \sum 岗位成本考核指标 + 项目计划成本降低额 \qquad (7\text{-}1)$$

4. 根据管理岗位设置计算不同岗位的成本考核指标

岗位成本考核指标设定和考核的额度，主要是根据岗位和相关人员，什么岗位管理什么内容，经测算应有什么样的成本支出，才能达到目标，而且这种成本支出需要进一步地细化、优化才能进行决定。根据每个岗位的管理者，填列成本考核指标，并与岗位责任者签订岗位成本考核责任书，应具有工作内容、阶段指标、考核方法、时间安排、奖罚办法等明细内容。

5. 实施园林施工过程的计量和核算工作

我们在前面已讨论过岗位成本考核，原则上是不宜太复杂，本着干什么、管什么、算什么的原则进行过程的控制和考核。岗位成本的计量工作、会计上的成本核算，在过去实现都是非常困难的，随着会计电算化的快速进步，现在已是非常简单了，通过成本科目在收支的相关科目中实行部门或个人的辅助核算，就能达到区分和计量的目的。但会计上核算的都是沉没成本，属于过去时。因此，还需要设计一套专用账簿进行实时核算和计量，及时向有关责任者提供信息。

6. 园林项目岗位成本考核的评价工作

岗位工作一旦结束，或者取得明确的阶段计量，就可以进行阶段考核和业绩评价，评价可以是某岗位工作全部完成的时候，也可以采用分阶段进行对比，但必须有一条，就是计量清楚；另外一点是阶段考评和结果只能是部分兑现，因为全部工作尚未完成，偶然性的问题还可能会出现。

岗位成本考核的整个流程详见图 7-1 园林项目岗位成本考核流程。

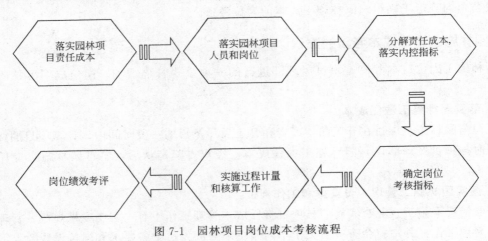

图 7-1　园林项目岗位成本考核流程

三、 园林施工岗位成本考核的方法

园林施工岗位成本的考核方法，一般采用表格法，主要分开工前的总量落实、分阶段的考核和完工后的总考核及其奖罚兑现。

1. 岗位成本考核总量的计算和落实

项目班子组建完成后，根据公司下达的园林施工成本责任总额和园林在改进园林施工方案、控制方案后计算园林施工成本支出并制订成本支出总计划。

（1）同时要立即着手根据人员的构成情况，依据园林施工成本支出总计划进行岗位成本的考核内容分工。这里要强调的一点是，各岗位成本考核和控制指标不得大于园林施工成本计划总支出。

（2）岗位成本考核在园林施工的成本控制中不能留有口子，也就是说，园林施工成本总计划的每项预计支出都要落实到人。

（3）每项岗位成本控制和考核不仅有内容、范围，还要有指标和奖罚方法。通常情况下，园林项目在测定了各管理岗位的成本考核指标后，或者某个岗位成本考核指标后，由项目经理与岗位的责任人商定并签订岗位的成本考核指标，并以内部合同形式予以确定。

合同的内容一般有：项目名称、岗位成本考核范围、岗位成本考核的具体方法和指标、奖罚方法、风险抵押金额、岗位成本考核的责任人、项目负责人、考核时间和内部合同签订时间。其岗位考核成本指标计算见表 7-1。

表 7-1　钢筋混凝土岗位成本责任考核指标计算

项目名称：　　　岗位责任范围：　　　工期：　　　年　月　日至　年　月　日

序号	分部分项名称	单价	总价	时间安排
合计				

项目经理：　　　预算人员：　　　岗位责任人员：　　　签订时间：　　　年　月　日

项目的岗位成本责任一经签订就要严格执行。岗位成本责任书一般情况下一式三到四份，其中岗位责任人至少一份。

2. 园林施工过程中分阶段的考核

主要由两部分构成：一是岗位成本责任因签证或设计变更而引起的调整；二是分阶段的收支考核，考核期一般同会计核算期限一致，即每月一次。

（1）考核指标的调整。根据园林施工岗位责任考核的双方合同中所规定的岗位成本责任的调整方法，园林工程项目收入一旦发生调整，相关管理范围或岗位对象也应作出相应调整。一般按因素调节法计算和确认园林施工成本收入调整中属于某岗位的调整额。

（2）分阶段的考核。在项目确定园林工程收入中属于园林施工的成本收入后，园林施工统计员要根据各岗位所完成的工程量和岗位考核方法计算各岗位的成本核算期的岗位成本收入，经预算员确认后报项目会计处。园林施工成本会计根据各要素提供者所提供的相关报表或资料计算各岗位成本的耗费和其相应的指标节超情况。其表格格式见表 7-2。

3. 完工后岗位成本的总考核与总兑现

它一般在该岗位工作内容完成后计算确认，主要由园林施工成本会计召集相关人员计算而定。其基本步骤如下。

（1）取得和确认原始的岗位考核指标。

表 7-2 园林项目岗位成本分阶段考核情况

岗位成本责任人：　　　　　考核时间：　　年　月　日　　　　　　　　单位：元

原始签约额		本期岗位成本收入额	
调整额		本期岗位成本支出额	
完工确认额		本期岗位成本节超额	
		累计岗位成本收入额	
		累计岗位成本收入额	
		累计岗位成本	

项目经理：　　　　预算员：　　　　成本会计：　　　　岗位责任人：

（2）从统计员特别是预算人员处取得岗位成本考核的调整数。

（3）汇总该岗位的累计成本收支数或收支量。

（4）完成完工岗位成本总考核表的编制。

（5）根据岗位成本考核合同书中相关内容计算该岗位的奖罚和比例。

（6）劳资员计算，项目经理签认其奖罚书。

（7）园林工程竣工后，补差各岗位成本责任考核的奖罚留存数。

（8）项目通知公司财务退还相关岗位责任者的风险抵押金。

四、 园林施工岗位成本考核人员的责任

1. 项目经理

项目经理对园林施工成本计划总支出承担责任，按合适的方法组织项目相关管理人员，在园林施工成本责任总额基础上测算园林施工成本计划总支出；按管理岗位将园林施工成本计划总支出分解成若干个分项指标；与相关管理岗位的人员或者负责人商量、落实、签订园林项目的岗位成本责任控制指标、考核方法和奖罚方法。

2. 成本会计或成本员

成本会计或成本员要对园林施工成本核算的准确性承担责任，对园林项目的开支承担责任。成本会计要按公司规定的方法正确开展园林施工成本核算，按规定的程序收付款项，保证款项支付的合理规范和真实准确。在园林施工成本的现场施工费用的总额内，实施分清耗费对象的项目现场施工费用控制。另一方面，根据园林项目岗位成本考核对象建立岗位成本的台账，按期组织项目岗位成本考核。岗位考核内容结束后，要立即组织汇总和反映，为兑现和奖罚及时提供实际耗费数据。

3. 预算人员

预算人员要对项目的分包成本支出总额承担责任。项目预算人员除了要在园林施工成本核算中承担责任外，还要对园林项目的分包成本支出承担责任。一般情况下，较大的分包行为由公司组织洽谈其单价和合同价，但这个合同价公司在与园林项目的成本责任合同中都给予了补偿，园林项目的主要工作是在其总量和总价范围内实施控制。这个责任往往是由项目的预算人员来完成的。在专业分包越来越多的情况下，分包成本的控制又往往具体落实到施工员或工长的头上，预算人员的责任就是与各个施工员一起，把分包成本控制在公司给予的额度内，而且在保证质量的前提下，越低越好。由于园林施工员只能对其责任范围内的分包成本进行把握，因而园林项目内众多分包成本的总控制就必须由预算人员完成。预算人员对分包成本核算的控制，主要包括每个分包内容的单价、工日数和分包结算数，以防止施工员

对分包费用多签认、分包单价和分包工日数多签。控制基数就是园林项目分部分项岗位成本责任或岗位成本的额度。所以，对于分包结算，预算人员要在施工员确认的基础上进行审核并承担最后把关的责任。当然，对外分包结算由于是两个法人之间的行为，最终还需到公司审定和确认，但就园林施工成本和岗位成本考核而言，预算人员对园林项目本身的分包成本也必须承担最后责任。

4. 材料人员

材料人员对园林项目材料管理、园林项目所采购的材料单价和园林项目租赁的周转料具总支出负责。材料人员（较大项目有几个材料人员时，则为材料负责人）要掌握园林项目总的各种材料的消耗量以及园林工程施工过程中由于设计变更和园林工程签证而引起的材料计划消耗量的变化，并根据园林施工过程中的定额消耗分析材料消耗的合理性，根据园林项目的管理岗位的分工分清各个工长和其他管理岗位不同管理范围内材料的计划消耗和实际消耗及其合理性。

材料人员在实际园林施工过程中往往要控制园林项目的部分材料采购单价。按照园林项目的定位，从一般要求上园林项目是成本中心，并且项目不承担市场风险，不承担市场风险就不应该采购材料，从而不需要实施对材料采购单价的控制。但实际运行中，由于园林项目所耗用材料包罗万象，公司不可能对每种材料都能及时地供应，因而实际操作中公司往往把小型的、零星的那些数量不便把握也算不清的材料以一个经验数值算给项目，让其包干。对于这一部分，园林项目在实际工作中就存在一个材料采购单价的控制问题。项目经理也往往把这个内容在其岗位成本考核和控制中交材料人员或者材料负责人员，所以材料人员对其小型的、零星的材料采购单价和量的消耗要在岗位成本考核中给予体现。

另外，大宗材料进场的数量保证问题也是我们要重点考虑的。因为大宗材料进场时不能入库管理，使用过程中的消耗就不能进行有效计量，这对大宗材料节超的管理责任区分带来了一定的难度，所以应将验收、保管、保卫和消耗的责任人放在一起，组成责任群体，并按责任大小设定不同的权重，进行责任捆绑。

周转料具的租赁费用控制同样是材料人员的责任，这也是材料人员的岗位成本考核内容（也可以由项目安排给其他相关管理人员负责）。公司一般情况下根据其收入、施工方案和施工组织设计有关内容，计算出交给项目的周转料具的可支配总额。实际园林施工过程中可能由于设计变更和签证而引起调整，所以园林工程竣工后的实际结算时要调整其周转料具的项目收入。对两大工具的控制，说到底就是项目不得突破公司给定的总额。另外，材料人员还要分清不同的耗费对象，以便落实各工长的岗位成本责任，揭示周转料具收支节超的原因和奖罚对象。

5. 劳资、统计人员

他们对各岗位考核成本的收入承担责任。由于园林施工过程中现时大都实行两层分离，项目没有很多的工人，即使有，也只是一些专业技工人员。因此，实际工作中许多单位把劳资员与统计员的工作合在一起，由一人承担。园林项目的劳资工作由于较少，其统计工作往往占主要内容。统计人员在园林项目岗位成本考核工作中，重点要落实每个核算期各个工长和各个岗位的岗位成本考核的收入，以便成本会计计算各个岗位的成本考核情况。另一方面，统计员在计算各个岗位的成本考核收入时，其整个园林项目岗位成本考核的总额不得大于竣工后经调整的园林施工成本计划总支出。

6. 机械管理员

他们对租赁的机械设备和自有小型机械设备工具的耗费总额承担责任。项目在测定园林施工成本支出计划时，要根据其专业分工情况，计算出机械管理员的岗位成本考核范围和考核额度。一般情况下机械管理员管理范围主要有：对外租入的机械设备和可开支总额，自有小型机械设备的可使用量和使用时间，施工用水电费的控制金额。

7. 工长或施工员

工长或施工员要对管理或责任范围的成本耗费承担责任。园林施工的施工员或者叫工长，在园林项目的岗位成本考核过程中责任重大。施工员的岗位成本考核内容主要是在其管理范围内岗位成本收支考核。如钢筋混凝土施工员，项目根据其分部分项的各种预算消耗量，经商量确定其整个管理范围内的耗资控制总量，包括人工工日的消耗控制量、钢材和混凝土的消耗控制总量、周转材料工具的占有时间、工期的控制时间等控制指标以及奖罚方法和奖罚额度。所以，施工员的岗位成本考核是项目最基本的岗位成本考核，而其他的专业岗位成本考核主要是项目防止总量的超支和单价的控制，而平时最有效的控制则主要落在施工员的身上。

五、 园林施工责任成本的考核方式

1. 按成本消耗对象明确主要责任岗位者

主要原则：根据每个消耗对象确定管理岗位成本责任和相应的责任群体，这就改变了以管理人员的岗位定成本责任的方法。如钢材消耗控制主要由钢筋施工员作为主要责任者，小型项目或零星材料采购的主要责任者是项目材料采购员。

2. 区分管理责任大小， 建立合理的考核责任

根据每个成本消耗对象所涉及的相关管理人员以及他们的责任大小建立责任群体和相应的责任权数，即按责任大小设定主要责任者、次要责任者和一般责任者。严格讲，任何一项管理行为所涉及的范围都是较广的，不可能界定得非常准确，所以只能根据成本消耗对象所涉及的直接责任者设计责任群体和考核方法。

3. 实施合理的定期奖励

这种方式的岗位成本责任考核宜采用节点考核的方法。在园林施工责任成本测算前，根据园林施工过程将园林施工项目分成若干阶段进行考核，我们称之为节点考核。通常以一个园林项目在土方施工结束、垫层施工前为第一个节点；以主体施工作为第二节点，项目体量大的，可以将主体分为正负零以下和正负零以上两个部分；园林工程后期的围护和粗装修工程作为第四或第五个节点考核。每个节点结束后，按照责任成本的收支情况和责任群体岗位成本考核完成情况进行部分兑现。由于项目施工期长，施工过程的阶段考核兑现应及时进行，以免挫伤管理人员的积极性，但也不能全部兑现完毕。考虑园林工程的连续性和成本不可能做到精确的事实，采用先兑现一半、剩余部分待工程竣工后一并进行的方法。所以，针对不同岗位责任群体的兑现，辅以节点阶段部分考核的方法，使我们能够在园林项目各成本消耗对象上实现"责任明确、主次分清、共同管理、提倡合作、节点考核、竣工兑现"的目的。

4. 建立多个利益主体协同管理的责任体系

园林项目的成本消耗是一个复杂的过程，消耗管理只有与使用者产生利益关联，成本控制才能落实到实处，具体讲有以下两个方面。

（1）周转料具的数量管理。由于施工场地大、工序穿插较多，从管理经验上看，钢管、扣件最易丢失，安全防护设施、竹木夹板最易损坏，而这部分主要使用者应是分包商。由于分包商从事劳务分包，对料具的保管没有责任，所以许多企业的周转料具丢失严重，造成成本严重负担。这其中有门卫管理不到位的责任，也有施工过程中的丢失和被掩埋的问题。总之，超过一定比例的丢失，都是管理手段和管理水平不高的具体表现。现在许多企业或项目将周转料具的保管责任交给模板施工的分包商，同时给一定的保管费用和维修费用，促使其认真管理、文明施工、减少损坏，同时企业和园林施工的效益也能得到保证，本书中就是应用此法。

（2）大宗材料的消耗控制。大宗材料主要是钢材、木材、水泥和砖、灰、砂石等材料。这些材料主要是露天堆放，即使是有库房，其库房由于施工的连续性也是敞开管理。这时的消耗管理就变得较为困难。因此，许多企业将这些材料的耗用节余与分包商挂钩，即发生材料消耗节余时，将按一定比例，通常是四六分成或五五分成，与分包商进行节余分配，从而调动其管的积极性。从实践看，分包商对这些大宗材料从进场验收、制作、消耗、出门等管理，由于存在效益关联，他们都参与了管理，甚至分包商也派出门卫协同管理，材料进出现场都由双方门卫或管理者共同签字。这样通过效益和责任主体的共同管理、彼此制衡，从而实现企业控制消耗的管理目标。

第三节 园林施工成本的审计

一、园林施工成本审计的意义和作用

1. 园林施工成本审计的意义

园林工程项目部是园林施工企业与市场的结合部，是企业人、财、物三者生产要素的集结地。它作为园林施工企业的一个内部核算单位，是园林施工成本管理中心，是企业实现收入和成本费用支出的主要承担者，是实现各项经济技术指标的体现者，具有管理项目、组织生产的特征，在企业的各项工作中起着承上启下的作用。园林项目经济核算贯穿于施工生产全过程，它以工序为核算对象，采用业务核算、统计核算、会计核算的核算形式。项目部管理水平的高低、生产状况的好坏直接关系到整个企业的生存和发展。目前，我国正处在由计划经济体制向社会主义市场经济体制的过渡时期，各项法律、法规还没有完全建立，各种违纪现象还相当严重，如我国施工企业工程项目管理在管理体系、组织结构选择及内部控制方面还存在着许多问题。因此，加强园林工程项目部的审计就尤为重要。

2. 园林施工成本审计的作用

在社会主义市场经济条件下，作为内部审计，园林工程项目部审计具有四种职能：监督职能、控制职能、评价鉴证职能、服务职能。这四种职能体现了审计的两个重要作用。

（1）防护性作用。通过内部审计的检查和评价活动，揭露和制约各种不规范行为的产生，防止可能给项目部和企业造成的各种不良后果。

（2）建设性作用。通过对被审查活动的检查和评价，针对管理和控制中存在的问题和不足提出富有建设性的意见和改进方案，从而促进项目部改善经营管理，提高经济效益，以最好的方式实现管理的目标。

二、 园林施工成本审计的内容和程序

园林施工成本审计一般是指园林工程完工后，公司有关部门根据相关资料对园林施工成本收支进行审计和确认，借以最终确定园林施工成本的总收入、总支出、总盈亏情况以及园林施工最终兑现总额和兑现补差。园林成本审计的内容和程序一般包括如下几方面。

1. 确定园林施工成本总收入

园林工程竣工后，立即组织有关人员与业主进行工程竣工结算，确定园林工程造价。当工程造价确定后，由企业经营部门按照公司相关文件和项目责任合同所确定的项目责任成本总收入的计算方法和计算口径，在项目责任合同、项目成本责任总额、园林施工过程中的各项签证和公司与项目的相关调整文件或签证，划分和计算项目成本总收入。在确定项目成本总收入的基础上，计算项目已报收入和竣工后可补报收入或应调整额度。

2. 清理债权债务

园林工程竣工后，原则上园林工程应将各项要素包括所有人员，除留有结算人员和项目其他人员外，应尽早退出现场，项目宣布解散，也就是说项目在与公司结算时要做到工完、场净、人退、账清。其中留下人员主要做下面几项工作。

（1）落实内部横向之间债务，及时办理内部租赁机械设备和租赁两大工具的总的租赁额、已签租费和项目已估成本。

（2）落实项目内部劳务结算额。项目要及时办理内部劳务分包额、已签费用和项目已估成本。

（3）园林工程要与公司财务部门一起落实园林施工过程中所产生的债权债务，尽量与每一家债权债务单位确认双方各自的权益和责任，并把由债权债务所可能产生的损失通过一定的途径和方法调入成本，或在园林施工成本的兑现中予以体现。

（4）园林施工项目要及时办理多余材料的退库，要及时办理项目自购的部分小型机械设备工具的转让手续。对于已报废或已损坏的材料、工具，在查明原因后及时落实责任或调入成本。

3. 确定园林施工成本总支出

在园林项目全面实现工程竣工和清理完债权债务后，最后一次调整成本支出，落实园林成本总支出，为项目开展内部兑现或公司与项目兑现提供真实、准确的数据。

4. 确定园林施工成本盈亏额

在公司与园林施工落实项目成本收入和成本支出的基础上，公司要及时落实成本的盈亏。公司与园林工程之间共同签订成本收、支、盈亏确认表，表中内容应具备园林施工成本责任总额、工程调整与签证、园林工程竣工成本总收入、园林工程成本总支出和相应的园林项目成本盈亏额等数据，相应人员的签字确认。表格式样见表7-3。

5. 园林施工相关指标审计

园林施工相关指标审计是指根据园林施工责任成本合同所确定的考核内容和考核标准与其完成情况进行审计。它一般包括质量指标审计、工期指标审计、安全文明施工审计。这些指标一般依合同中确立的标准和内容开展审计。

表 7-3　园林施工成本收、支、盈亏确认

项目名称：

年　月　日

单位：元

序号	主要内容	园林施工预报额	公司确认额	双方确认额	备注
1	园林施工成本责任总额				
2	园林施工签证与调整				
3	园林施工成本总收入				
4	园林施工成本累计支出				
5	园林施工竣工调整				
6	园林施工竣工总支出				
7	园林施工成本盈亏额				

项目预算员：　　　　　公司预算经办人：　　　　　公司财务负责人：

项目成本员：　　　　　公司预算负责人：　　　　　公司领导：

项目经理：　　　　　　公司财务经办人：

（1）质量指标审计。根据园林施工责任成本合同中确定的内容，按照当地质量主管部门的质量验收所确认的指标，由公司工程质量主管人员及时签字确认。

（2）工期指标审计。根据园林施工责任成本合同中确定的内容，按照业主和相关部门所确认的工期，由公司工程部门相关人员及时签字确认。

（3）安全文明施工审计。根据园林施工责任成本合同中确定的内容，按照业主和相关部门所确认的指标，由公司工程部门相关人员及时签字确认。

（4）其他需要审计的内容。包括园林施工成本责任合同中所认定的需要审计的内容，如CI标准审计、保安工作审计等。

三、园林施工成本审计的对象

1. 园林工程项目部的会计资料、统计核算资料和其他业务核算资料

经济核算是一个完整的体系，它由会计核算、统计核算和其他业务核算共同组成。企业的经济活动原始记录，既是会计核算的基础，也是统计核算和其他业务核算的共同基础。这三种核算是相互联系、相互补充、相互配合的。要完成项目内部审计的任务，只审查会计核算资料显然是很不够的，必须审查包括会计核算资料、统计核算资料、其他业务核算资料在内的所有经济核算资料。

2. 园林工程项目部内部控制和经营管理制度

为了提高广大职工素质和管理水平，使项目部的财务收支活动和其他经济活动纳入法制轨道，防止发生差错，实现预期的目标，必须按其控制系统建立一套完整的、严密的内部控制和经营管理制度。管理制度完善与否，不仅影响各项经济活动的开展、经营目标的实现、财务收支活动的正常进行和经济效益的好坏，也影响会计资料的真实性和正确性。因此，在审计中，应对项目部各项内部控制制度进行认真测试和评价，检查内部控制制度的贯彻和执行情况，对其缺陷和失控提出改进意见。

3. 园林工程项目部的内部业务经营活动

审计应以建筑施工的整个活动过程和结果作为审计对象，审查项目部经营活动的合理性、合法性和有效性，经济决策的可行性，计划、预算、合同的可靠性，定额资料的准确性以及提高劳动生产率和增产节约的具体措施，促使其提高经济效益。

四、 园林施工成本审计的范围

（1）从审计对象的角度来考虑，审计的范围是经济活动中的会计资料，大致包括以下内容。

① 园林工程承发包合同、劳务合同等经济合同。

② 全套施工图纸、设计变更图纸、设计变更签证单。

③ 施工进度图表。

④ 主要材料分析表、调价部分材料消耗计算表、主要材料耗用明细表。

⑤ 成本费用支出明细。

⑥ 园林工程项目部自行采购材料的原始凭证。

⑦ 需要上级主管部门批准方可执行事项的批示文件。

⑧ 内部控制制度的文件。

⑨ 其他会计资料。

（2）从审计的工作范围角度来考虑，除对上述资料进行审计外，还应对项目的内部控制系统的适当性和有效性以及对履行职责的工作质量作出评价，具体包括：

① 检查财务和业务信息的可靠性和完整性，确定、核实、衡量、分类和报告这些信息的方法是否恰当。

② 检查保护资产的方法，核实资产是否真实存在，保证资产不受损失。

③ 检查遵守政策、计划、程序、法律和条例的情况。

④ 检查和评价各种资源的经济有效使用情况。

⑤ 检查业务经营和规划中既定目标及其实现情况，评价各项任务的完成质量。

⑥ 企业管理部门所要求的其他审计事项。

五、 园林施工成本审计的步骤

园林施工成本审计时通常都要按图 7-2 所示的步骤依次进行。

1. 制订审计计划

（1）初步确定审计目标和审计范围。通常内部审计的目标是：协助组织的领导成员有效地履行他们的职责。具体到园林工程项目部审计，其目标就是要协助施工企业的领导有效地对园林工程项目部加以管理，监督其生产行为。当然，就单个审计项目而言，其审计目标还会进一步具体化。

（2）研究背景信息。在开始执行审计前，审计人员应尽可能地熟悉被审项目部所涉及的施工生产活动的相关资料，以便为初步调查做好准备。这一准备工作不仅有助于审计人员估计经营活动中可能发生的需加以关注的特别或例外事项，也有助于他们熟悉被审项目部的政策制度和控制程序。

（3）成立审计小组。审计小组的具体组成依审计项目的规模和性质而定。有的小型项目可能只有一名审计人员，所有的审计工作只能由其独自完成；而有的大规模的审计项目需要

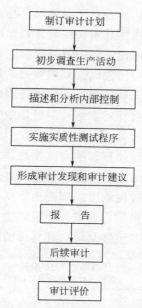

制订审计计划

初步调查生产活动

描述和分析内部控制

实施实质性测试程序

形成审计发现和审计建议

报　　告

后续审计

审计评价

图 7-2　园林施工成本审计的程序与步骤

较多的人员和时间，在制订审计计划时应做好安排。审计小组人员可来源于公司的对口职能部门，或外请相关专家担任。

（4）初步联系被审项目部及其他有关当事人。在开展审计之前，审计人员应向被审项目部下达审计通知，并与之就有关的审计事项进行交流。通过交流，审计人员可以向被审项目部提出需要配合的事项（例如要求被审项目部提供必要的文件、记录、设施、物资等），使被审项目部有足够的时间做好准备。

（5）制订初步审计方案。审计工作需要进行周密的计划安排。审计方案包含以下内容：审计目标、审计范围、审计过程中必须特别加以关注的事项、审计程序、拟收集的审计证据、审计人员分工及审计时间安排。

（6）计划审计报告。审计报告是向项目部的上级有关部门反映审计结果的文件。计划审计报告在审计过程的准备阶段进行，内部审计人员在审计的初期就要考虑审计报告如何编制，何时报送以及向谁报送。

（7）取得对审计方案的批准。审计工作开始之前，要由内审部门的领导对审计方案进行复核和批准。审计方案的复核包括对审计程序、审计目标和审计范围的复核。这种全面、综合的复核有助于保证审计程序有效地支持审计目标和审计范围。

2. 初步调查

初步调查的目的是取得对被审项目部的初步了解，为进一步完善审计方案提供依据，并取得被审者的合作。初步调查通常包括四个内容：实地观察、研究资料、书面描述、分析审计程序。

（1）对于园林工程项目部审计来说，实地观察十分重要。通过到施工现场的观察，可以对项目部管理活动的工作流程、实物资产以及施工队伍的施工情况取得一个基本的了解。

（2）审计人员需要研究的资料在前面已作了介绍。在这一阶段，审计人员的主要任务是确定这些文件是否存在、如何组织、是否有序存放以及是否妥善保管等。

（3）对被审项目部情况的书面描述是永久性审计档案的组成部分，它有助于审计人员了解被审项目部，并可作为审计人员评价内部控制系统和制订审计程序的基础。

（4）对项目部实际数与预算数的比较以及多期数据的趋势分析，可以帮助审计人员更好地理解项目部的情况，有助于审计人员计划适当的审计程序。通过比较和分析所发现的异常情况能引起审计人员的关注，从而有针对性地采用更详细的审计程序来审查。

3. 描述和分析内部控制制度

审计人员应当研究与评价被审计项目部的内部控制，对拟信赖的内部控制进行符合性测试，以确定对实质性测试的性质、时间和范围的影响。首先，内审人员应了解被审计项目部的内部控制；然后，内审人员应通过流程图、调查表或文字描述等三种方式对被审计项目部的内部控制进行详略得当的描述；最后，内审人员应对被审计项目部的内部控制作出评价，并根据对控制风险的评价水平设计实质性测试。其具体的运行步骤如图 7-3 所示。

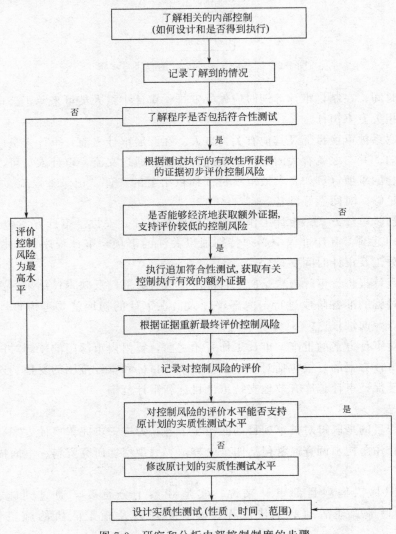

图 7-3　研究和分析内部控制制度的步骤

4. 实质性测试程序

实质性测试程序包括审查记录和文件、与被审计项目部管理部门和其他职工进行面谈、实地观察园林施工管理活动、检查资产、将实际和记录进行比较以及使审计人员充分详细了解组织控制系统的实施程序。实质性测试程序既可按会计报表项目，也可按业务循环组织实施。

5. 审计发现和审计建议

一旦结束了对被审者的研究和评价，审计人员就应开始提出审计发现和审计建议。

审计发现应包括审计人员所发现的问题和评价这些问题的标准。对于实际和评判标准的差异所造成的影响（风险）以及差异产生的原因，审计建议通常有以下类型：

（1）无需改变现行的控制系统。

（2）修改或补充现行的控制系统。

内部审计与独立审计在这方面有所不同。对于独立审计来讲，注册会计师应当根据审计结论出具无保留意见、保留意见、否定意见或拒绝表示意见的审计报告；作为内部审计，审计人员对园林工程项目部出具不同类型的审计建议，就其对总体风险的影响来讲，有时区别不大，因此审计人员很难作出选择。事实上，如果真的难以择优选取审计建议，审计人员可指出各种不同的审计建议及其风险，这样能使审计报告的使用者理解审计人员作出该审计结论的根据。

6. 报告

在报告阶段所要完成的工作包括编写和报送审计报告。许多审计人员认为审计报告是审计工作的"产品"，审计过程的目的就是生产这种"产品"。审计报告要说明审计目标、审计范围、总体审计程序、审计发现和审计建议。书面的审计报告要由审计人员签字，一般情况下报送给高级管理层和被审计项目部管理部门。审计报告也有另一种形式，即个人陈述。个人陈述是在结束审计会议中进行的，在这个会议上，审计人员和被审计项目部的管理层就审计中发现的重大问题展开讨论。

7. 后续审计

报送审计报告、向被审计项目部陈述审计结果以及被审计项目部提出反馈意见等这一系列工作完成以后，审计过程似乎就结束了，然而事实并非如此，还要进行后续审计。后续审计采取以下三种方式：

（1）高级管理层与被审计项目部进行协商，决定是否、何时、怎样按照审计人员的建议采取纠正行动。

（2）被审计项目部按照决定采取行动。

（3）在报送审计报告后，经过一段合理的时间，内审人员对被审计项目部进行复查，看其是否采取了合适的纠正行动并是否取得了理想的效果；如果不采取纠正行动，是否是高级管理层和董事会的责任。

无论采用哪种形式，后续审计是必不可少的。缺乏后续的审计工作，会损害内部审计人员的忠诚度和职业形象，最终使他们在企业中失去存在的价值。

8. 审计评价

一项审计业务的最后一步工作，是由审计人员对自身的工作进行评价。在此步骤中，主要考虑一系列在以后的审计工作中应关注的事项，包括本次审计的有效性如何，应怎样做才能达到更理想的效果，本次审计对未来的审计有何指导意义等。

总之，直到这一步审计工作完成为止，一项审计才告终结。审计人员不能认为出具了审计报告就算完成了任务。为了保证审计工作的效率和效果，后续审计和审计评价是必不可少的。园林工程项目部的一次性特点导致只有对项目部实施了事前或事中审计后才存在后续审计。因为若实施的是事后审计，审计结束后项目部也已解散，审计发现及审计建议只能对下一个项目部起到警戒的作用，而对被审计项目部已没有任何的指导作用。也正是由于这一原因，对项目部来讲，事中审计优于事后审计。

· 第八章 ·

园林施工造价管理

一、 园林工程造价的概念

园林工程造价的直意就是园林工程的建造价格。园林工程泛指一切园林建设工程，它的范围和内涵具有很大的不确定性。园林工程造价有如下两种含义。

第一种含义：园林工程造价是指建设一项园林工程预期开支或实际开支的全部固定资产投资费用。显然，这一含义是从投资者——业主的角度来定义的。投资者选定一个投资项目，为了获得预期的效益，就要通过项目评估进行决策，然后进行设计招标、工程招标、直至竣工验收等一系列投资管理活动。在投资活动中所支付的全部费用形成了固定资产和无形资产。所有这些开支就构成了园林工程造价。从这个意义上说，园林工程造价就是园林工程投资费用，园林建设项目工程造价就是园林建设项目固定资产投资。

第二种含义：园林工程造价是指园林工程价格，即为建成一项园林工程，预计或实际在土地市场、设备市场、技术劳务市场以及承包市场等交易活动中所形成的园林安装工程的价格和园林建设工程总价格。显然，园林工程造价的第二种含义是以社会主义商品经济和市场经济为前提的。它以工程这种特定的商品形式作为交易对象，通过招投标或其他交易方式，在进行多次预估的基础上，最终由市场形成价格。

通常，人们将园林工程造价的第二种含义认定为园林工程承发包价格。应该肯定，承发包价格是工程造价中一种重要的、也是最典型的价格形式。它是在建筑市场通过招投标，由需求主体——投资者和供给主体——承包商共同认可的价格。

鉴于园林安装工程价格在项目固定资产中占有 50%～60% 的份额，又是园林工程建设中最活跃的部分以及建筑企业是园林工程的实施者和其重要的市场主体地位，园林工程承发包价格被界定为园林工程造价的第二种含义很有现实意义。但是，如上所述，这样界定对园林工程造价的含义理解较狭窄。

园林工程造价的两种含义，是以两个不同角度把握同一事物的本质。对园林工程的投资者来说，面对市场经济条件下的园林工程造价就是项目投资，是"购买"项目要付出的价格，同时也是投资者在作为市场供给主体时"出售"项目时定价的基础。对于承包商、供应商和规划、设计等机构来说，园林工程造价是他们作为市场供给主体出售商品和劳务的价格的总和，或是特指范围的园林工程造价。

园林工程造价的两种含义是对客观存在的概括。它们既共生于一个统一体，又相互区别。其最主要的区别在于需求主体和供给主体追求的经济利益不同，因而管理的性质和目标不同。从管理性质看，前者属于投资管理范畴，后者属于价格管理范畴，但二者又互相交叉。从管理目标看，作为项目投资或投资费用，投资者在进行项目决策和项目实施中，首先追求的是决策的正确性。投资是一种为实现预期收益而垫付资金的经济行为，项目决策是重要一环。项目决策中投资数额的大小、功能和价格（成本）比是投资决策的最重要的依据。其次，在园林项目实施中完善项目功能、提高园林工程质量、降低投资费用、按期或提前交付使用是投资者始终关注的问题。因此，降低园林工程造价是投资者始终如一的追求。作为园林工程价格，承包商所关注的是利润或高额利润，为此，他追求的是较高的工程造价。不同的管理目标，反映他们不同的经济利益，但他们都要受支配价格运动的经济规律的影响和调节。他们之间的矛盾是市场的竞争机制和利益风险机制的必然反映。

区别园林工程造价的两种含义，其理论意义在于为投资者和以承包商为代表的供应商的市场行为提供理论依据。当政府提出降低园林工程造价时，是站在投资者的角度充当着市场需求主体的角色；当承包商提出要提高园林工程造价、提高利润率、并获得更多的实际利润时，他是要实现一个市场供给主体的管理目标，这是市场运行机制的必然。不同的利益主体绝不能混为一谈。同时，两种含义也是对单一计划经济理论的一个否定和反思。

二、　园林工程造价的作用

1. 园林工程造价是园林施工项目决策的依据

园林建设工程投资大、生产和使用周期长等特点决定了项目决策的重要性。园林工程造价决定着项目的一次投资费用。投资者是否有足够的财务能力支付这笔费用、是否认为值得支付这项费用，是项目决策中要考虑的主要问题。财务能力是一个独立的投资主体必须首先解决的问题。如果园林工程的价格超过投资者的支付能力，就会迫使他放弃拟建的项目；如果项目投资的效果达不到预期目标，他也会自动放弃拟建的工程。因此，在园林项目决策阶段，园林工程造价就成为园林项目财务分析和经济评价的重要依据。

2. 园林工程造价是制订投资计划和控制投资的依据

园林工程造价在控制投资方面的作用非常明显。园林工程造价是通过多次性预估，最终通过竣工决算确定下来的。每一次预估的过程就是对造价的控制过程，而每一次估算对下一次估算又都是对造价严格的控制。具体讲，每一次估算都不能超过前一次估算的一定幅度。这种控制是在投资者财务能力的限度内为取得既定的投资效益所必需的。园林建设工程造价对投资的控制也表现在利用制订各类定额、标准和参数，对园林工程造价的计算依据进行控制。在市场经济利益风险机制的作用下，造价对投资的控制作用成为投资的内部约束机制。

3. 园林工程造价是筹集建设资金的依据

投资体制的改革和市场经济的建立，要求项目的投资者必须有很强的筹资能力，以保证园林工程建设有充足的资金供应。园林工程造价基本决定了建设资金的需要量，从而为筹集资金提供了比较准确的依据。当建设资金来源于金融机构的贷款时，金融机构在对项目的偿贷能力进行评估的基础上，也需要依据园林工程造价来确定给予投资者的贷款数额。

4. 园林工程造价是评价投资效果的重要指标

园林工程造价是一个包含着多层次工程造价的体系。就一个园林工程项目来说，它既是园林建设项目的总造价，又包含单项工程的造价和单位工程的造价，同时也包含单位生产能力的造价，或一个平方米建筑面积的造价等。所有这些，使园林工程造价自身形成了一个指标体系。它能够为评价投资效果提供多种评价指标，并能够形成新的价格信息，为今后类似项目的投资提供参照系。

5. 园林工程造价是合理利益分配和调节产业结构的手段

园林工程造价的高低涉及国民经济各部门和企业间的利益分配。在计划经济体制下，政府为了用有限的财政资金建成更多的园林工程项目，总是趋向于压低园林工程造价，使建设中的劳动消耗得不到完全补偿，价值不能得到完全实现，而未被实现的部分价值则被重新分配到各个投资部门，为项目投资者所占有。这种利益的再分配有利于各产业部门按照政府的投资导向加速发展，也有利于按宏观经济的要求调整产业结构，但是也会严重损害建筑企业等的利益，从而使建筑业的发展长期处于落后状态，与整个国民经济的发展不相适应。在市场经济中，园林工程造价也无例外地受供求状况的影响，并在围绕价值的波动中实现对建设规模、产业结构和利益分配的调节。加上政府正确的宏观调控和价格政策导向，园林工程造价在这方面的作用会充分发挥出来。

三、 园林工程造价的职能

园林工程造价除一般商品价格职能以外还有自己特殊的职能。

1. 预测职能

园林工程造价的大额性和多变性，无论是投资者或是承包商都要对拟建工程进行预先测算。投资者预先测算的园林工程造价不仅作为项目决策依据，同时也是筹集资金、控制造价的依据。承包商对园林工程造价的测算，既为投标决策提供依据，也为投标报价和成本管理提供依据。

2. 控制职能

园林工程造价的控制职能表现在两方面：一方面是它对投资的控制，即在投资的各个阶段，根据对造价的多次性预估，对造价进行全过程、多层次的控制；另一方面，是对以承包商为代表的商品和劳务供应企业的成本控制。在价格一定的条件下，企业实际成本开支决定企业的盈利水平。成本越高，盈利越低。成本高于价格，就会危及企业的生存。所以，企业要以园林工程造价来控制成本，利用园林工程造价提供的信息资料作为控制成本的依据。

3. 评价职能

园林工程造价是评价总投资和分项投资合理性和投资效益的主要依据之一。评价土地价格、建筑安装产品和设备价格的合理性时，就必须利用园林工程造价资料；在评价建设项目偿贷能力、获利能力和宏观效益时，也要依据园林工程造价。园林工程造价也是评价建筑安装企业管理水平和经营成果的重要依据。

4. 调节职能

园林工程建设直接关系到经济增长，也直接关系到国家重要资源分配和资金流向，对国计民生都产生重大影响。所以，国家对建设规模、结构进行宏观调节是在任何条件下都不可缺少的，对政府投资项目进行直接调控和管理也是非常必要的。这些都要通过园林工程造价来对园林工程建设中的物质消耗水平、建设规模、投资方向等进行调节。

园林工程造价职能实现的条件，最主要的是市场竞争机制的形成。在现代市场经济中，要求市场主体要有自身独立的经济利益，并能根据市场信息（特别是价格信息）和利益取向来决定其经济行为。无论是购买者还是出售者，在市场上都处于平等竞争的地位，他们都不可能单独地影响市场价格，更没有能力单方面决定价格。作为买方的投资者和作为卖方的建筑安装企业以及其他商品和劳务的提供者，是在市场竞争中根据价格变动和自己对市场走向的判断来调节自己的经济活动。也只有在这种条件下，价格才能实现它的基本职能和其他各项职能。因此，建立和完善市场机制，创造平等竞争的环境是十分迫切而重要的任务。具体来说，投资者和建筑安装企业等商品和劳务的提供者首先要使自己真正成为具有独立经济利益的市场主体，能够了解并适应市场信息的变化，能够作出正确的判断和决策。其次，要给建筑安装企业创造出平等竞争的条件，使不同类型、不同所有制、不同规模、不同地区的企业在同一项工程的投标竞争中处于同样平等的地位。为此，就要规范建筑市场和规范市场主体的经济行为。再次，要建立完善的、灵敏的价格信息系统。

四、 园林工程造价的特点

1. 大额性

能够发挥投资效用的任一项园林工程，不仅实物形体庞大，而且造价高昂，动辄数百万、数千万、数亿、十几亿。园林工程造价的大额性使其关系到有关各方面的重大经济利益，同时也会对宏观经济产生重大影响。这就决定了园林工程造价的特殊地位，也说明了造价管理的重要意义。

2. 个别性、 差异性

任何一项园林工程都有特定的用途、功能、规模。因此，对每一项园林工程的结构、造型、空间分割、设备配置和内外装饰都有具体的要求，因而使园林工程内容和实物形态都具有个别性、差异性。产品的差异性决定了园林工程造价的个别性。同时，每项园林工程所处地区、地段都不相同，使这一特点得到强化。

3. 动态性

任何一项园林工程从决策到竣工交付使用都有一个较长的建设期间，而且由于不可控因素的影响，在预计工期内，许多影响园林工程造价的动态因素，如工程变更，设备材料价格，工资标准以及费率、利率、汇率会发生变化，这种变化必然会影响到造价的变动。所以，园林工程造价在整个建设期中处于不确定状态，直至竣工决算后才能最终确定工程的实际造价。

4. 层次性

造价的层次性取决于园林工程的层次性。一个建设项目往往含有多个能够独立发挥设计效能的单项工程（车间、写字楼、住宅楼等）。一个单项工程又是由能够各自发挥专业效能的多个单位工程（土建工程、电气安装工程等）组成。与此相适应，园林工程造价有 3 个层次：建设项目总造价、单项工程造价和单位工程造价。如果专业分工更细，单位工程（如土建工程）的组成部分——分部分项工程也可以成为交换对象，如大型土方工程、基础工程、装饰工程等，这样园林工程造价的层次就增加分部工程和分项工程而成为5个层次。即使从造价的计算和园林工程管理的角度看，园林工程造价的层次性也是非常突出的。

5. 兼容性

园林工程造价的兼容性首先表现在它具有两种含义，其次表现在园林工程造价构成因素的广泛性和复杂性。在园林工程造价中，首先说成本因素非常复杂。其中，为获得园林工程用地支出的费用、项目可行性研究和规划设计费用、与政府一定时期政策（特别是产业政策和税收政策）相关的费用占有相当的份额。再次，盈利的构成也较为复杂，资金成本较大。

五、园林工程造价计价的特征

1. 计价的单件性

产品的个体差别性决定每项园林工程都必须单独计算造价。

2. 计价的多次性

园林工程周期长、规模大，因此按建设程序要分阶段进行，相应地也要在不同阶段多次计价，以保证园林工程造价计算的准确性和控制的有效性。多次性计价是个逐步深化、逐步细化和逐步接近实际造价的过程。对于大型建设项目，其计价过程如图8-1所示。

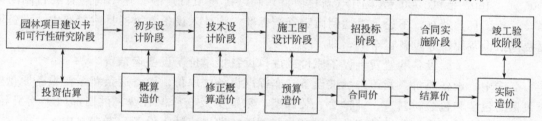

图 8-1　园林工程多次性计价示意图

注：竖向的双向箭头表示对应关系，横向的单向箭头表示多次计价流程及逐步深化过程

3. 造价的组合性

园林工程造价的计算是分部组合而成的，这一特征和园林建设项目的组合性有关。一个园林建设项目是一个园林工程综合体，这个综合体可以分解为许多有内在联系的独立和不能独立的园林工程。园林建设项目的这种组合性决定了计价的过程是一个逐步组合的过程。这一特征在计算概算造价和预算造价时尤为明显，同时也反映到合同价和结算价中。其计算过程和计算顺序是：分部分项工程单价→单位工程造价→单项工程造价→建设项目总造价。

4. 计价方法的多样性

园林工程造价多次性计价有各不相同的计价依据，对造价的精确度要求也不相同，这就决定了计价方法有多样性特征。计算概、预算造价的方法有单价法和实物法等，计算投资估算的方法有设备系数法、生产能力指数估算法等。不同的方法利弊不同，适应条件也不同，计价时要根据具体情况加以选择。

5. 计价依据的复杂性

由于影响造价的因素多，计价依据复杂，种类繁多，主要可分为以下7类。

（1）计算设备和工程量的依据。包括项目建议书、可行性研究报告、设计文件等。

（2）计算人工、材料、机械等实物消耗量的依据，包括投资估算指标、概算定额、预算定额等。

（3）计算工程单价的价格依据，包括人工单价、材料价格、材料运杂费、机械台班费等。

（4）计算设备单价的依据，包括设备原价、设备运杂费、进口设备关税等。

（5）计算措施费、间接费和工程建设其他费用的依据，主要是相关的费用定额和指标。

（6）政府规定的税、费。

（7）物价指数和工程造价指数。

第二节　园林设备和工、器具购置费的构成及计算

一、园林设备购置费的构成及计算

园林设备购置费是指为园林工程购置或自制的达到固定资产标准的设备、工具、器具的费用。所谓固定资产标准，是指使用年限在一年以上，单位价值在国家或各主管部门规定的限额以上。例如，1992年财政部规定，大、中、小型工业企业固定资产的限额标准分别为2000元、1500元和1000元以上。（新建项目）和（扩建项目）的新建车间购置或自制的全部设备、工具、器具，不论是否达到固定资产标准，均计入设备、工器具购置费中。设备购置费包括设备原价和设备运杂费，即

设备购置费＝设备原价或进口设备抵岸价＋设备运杂费

上式中，设备原价系指国产标准设备、非标准设备的原价，设备运杂费系指设备原价中未包括的包装和包装材料费、运输费、装卸费、采购费及仓库保管费、供销部门手续费等。如果设备是由设备成套公司供应的，成套公司的服务费也应计入设备运杂费之中。

1. 国产设备原价的构成及计算

国产设备原价一般指的是设备制造厂的交货价，或订货合同价。它一般根据生产厂或供应商的询价、报价、合同价确定，或采用一定的方法计算确定。国产设备原价分为国产标准设备原价和国产非标准设备原价。

（1）国产标准设备原价。国产标准设备是指按照主管部门颁布的标准图纸和技术要求，由设备生产厂批量生产的、符合国家质量检验标准的设备。国产标准设备原价一般指的是设备制造厂的交货价，即出厂价。如设备系由设备成套公司供应，则以订货合同价为设备原价。有的设备有两种出厂价，即带有备件的出厂价和不带有备件的出厂价。在计算设备原价时，一般按带有备件的出厂价计算。

（2）国产非标准设备原价。国产非标准设备是指国家尚无定型标准，各设备生产厂不可能在工艺过程中采用批量生产，只能按一次订货，并根据具体的设计图纸制造的设备。非标准设备原价有多种不同的计算方法，如成本计算估价法、系列设备插入估价法、分部组合估价法、定额估价法等。无论采用哪种方法，都应该使非标准设备计价接近实际出厂价，并且计算方法要简便。按成本计算估价法，非标准设备的原价由以下各项组成。

① 材料费。其计算公式为：

$$材料费＝材料净重×（1＋加工耗损系数）×每吨材料综合价 \tag{8-1}$$

② 加工费。包括生产工人工资和工资附加费、燃料动力费、设备折旧费、车间经费等。其计算公式为：

$$加工费＝设备总重量（吨）×设备每吨加工费 \tag{8-2}$$

③ 辅助材料费（简称辅材费）。包括焊条、焊丝、氧气、氩气、氮气、油漆、电石等费用。其计算公式为：

$$辅助材料费＝设备总重量×辅助材料费指标 \tag{8-3}$$

④ 专用工具费。按①～③项之和乘以一定百分比计算。

⑤ 废品损失费。按①～④项之和乘以一定百分比计算。

⑥ 外购配套件费。按设备设计图纸所列的外购配套件的名称、型号、规格、数量、重量，根据相应的价格加运杂费计算。

⑦ 包装费。按以上①～⑥项之和乘以一定百分比计算。

⑧ 利润。可按①～⑤项加第⑦项之和乘以一定利润率计算。

⑨ 税金。主要指增值税，计算公式为：

$$增值税＝当期销项税额－进项税额 \tag{8-4}$$
$$当期销项税额＝销售额×适用增值税率［销售额为①～⑧项之和］ \tag{8-5}$$

⑩ 非标准设备设计费。按国家规定的设计收费标准计算。

$$
\begin{aligned}
单台非标准设备原价＝&\{［（材料费＋加工费＋辅助材料费）\\
&×（1＋专用工具费率）×（1＋废品损失费率）\\
&＋外购配套件费］×（1＋包装费率）\\
&－外购配套件费\}×（1＋利润率）＋销项税金 \qquad (8\text{-}6)\\
&＋非标准设备设计费＋外购配套件费
\end{aligned}
$$

2. 进口设备原价的构成及计算

进口设备的原价是指进口设备的抵岸价，即抵达买方边境港口或边境车站，且交完关税等税费后形成的价格。进口设备抵岸价的构成与进口设备的交货方式有关。

（1）进口设备的交货方式。进口设备的交货方式可分为内陆交货类、目的地交货类、装运港交货类。

内陆交货类即卖方在出口国内陆的某个地点完成交货任务。在交货地点，卖方及时提交合同规定的货物和有关凭证，并承担交货前的一切费用和风险；买方按时接受货物，交付货款，承担接货后的一切费用和风险，并自行办理出口手续和装运出口。货物的所有权也在交货后由卖方转移给买方。

目的地交货类即卖方要在进口国的港口或内地交货，包括目的港船上交货价，目的港船边交货价（FOS）和目的港码头交货价（关税已付）及完税后交货价（进口国目的地的指定地点）。它们的特点是：买卖双方承担的责任、费用和风险以目的地约定交货点为分界线，只有当卖方在交货点将货物置于买方控制下方算交货，方能向买方收取货款。这类交货价对卖方来说承担的风险较大，在国际贸易中卖方一般不愿意采用这类交货方式。

装运港交货类即卖方在出口国装运港完成交货任务，主要有装运港船上交货价（FOB），习惯称为离岸价；运费在内价（CFR）；运费、保险费在内价（CIF），习惯称为到岸价。它们的特点主要是：卖方按照约定的时间在装运港交货，只要卖方把合同规定的货物装船后提供货运单据便完成交货任务，并可凭单据收回货款。

采用装运港船上交货价（FOB）时卖方的责任是：负责在合同规定的装运港口和规定

的期限内，将货物装上买方指定的船只，并及时通知买方；负责货物装船前的一切费用和风险；负责办理出口手续；提供出口国政府或有关方面签发的证件；负责提供有关装运单据。买方的责任是：负责租船或订舱，支付运费，并将船期、船名通知卖方；承担货物装船后的一切费用和风险；负责办理保险及支付保险费，办理在目的港的进口和收货手续；接受卖方提供的有关装运单据，并按合同规定支付货款。

（2）进口设备原价的构成及计算。进口设备采用最多的是装运港船上交货价（FOB），其抵岸价的构成可概括为：

$$进口设备原价 = 货价 + 国际运费 + 运输保险费 + 银行财务费 + 外贸手续费$$
$$+ 关税 + 增值税 + 消费税 + 海关监管手续费 + 车辆购置附加费 \tag{8-7}$$

① 货价。一般指装运港船上交货价（FOB）。设备货价分为原币货价和人民币货价，原币货价一律折算为美元表示，人民币货价按原币货价乘以外汇市场美元兑换人民币中间价确定。进口设备货价按有关生产厂商询价、报价、订货合同价计算。

② 国际运费。即从装运港（站）到达我国抵达港（站）的运费。我国进口设备大部分采用海洋运输，小部分采用铁路运输，个别采用航空运输。进口设备国际运费计算公式为：

$$国际运费（海、陆、空） = 原币货价（FOB） \times 运费率 \tag{8-8}$$

或

$$国际运费（海、陆、空） = 运量 \times 单位运价 \tag{8-9}$$

其中，运费率或单位运价参照有关部门或进出口公司的规定执行。

③ 运输保险费。对外贸易货物运输保险是由保险人（保险公司）与被保险人（出口人或进口人）订立保险契约，在被保险人交付议定的保险费后，保险人根据保险契约的规定对货物在运输过程中发生的承保责任范围内的损失给予经济上的补偿。这是一种财产保险，其计算公式为：

$$运输保险费 = \frac{原币货价（FOB） + 国外运费}{1 - 保险率费} \times 保险费率 \tag{8-10}$$

其中，保险费率按保险公司规定的进口货物保险费率计算。

④ 银行财务费。一般是指中国银行手续费，可按式（8-11）简化计算，即

$$银行财务费 = 人民币货价（FOB） \times 银行财务费率 \tag{8-11}$$

⑤ 外贸手续费。指按对外经济贸易部规定的外贸手续费率计取的费用，外贸手续费率一般取 1.5%。其计算公式为：

$$外贸手续费 = [装运港船上交货价（FOB） + 国际运费 + 运输保险费] \times 外贸手续费率$$
$$\tag{8-12}$$

⑥ 关税。由海关对进出国境或关境的货物和物品征收的一种税。其计算公式为：

$$关税 = 到岸价格（CIF） \times 进口关税税率 \tag{8-13}$$

其中，到岸价格（CIF）包括离岸价格（FOB）、国际运费、运输保险费等费用，它作为关税完税价格。进口关税税率分为优惠和普通两种。优惠税率适用于与我国签订有关税互

惠条款的贸易条约或协定的国家的进口设备；普通税率适用于与我国未订有关税互惠条款的贸易条约或协定的国家的进口设备。进口关税税率按我国海关总署发布的进口关税税率计算。

⑦ 增值税。是对从事进口贸易的单位和个人，在进口商品报关进口后征收的税种。我国增值税条例规定，进口应税产品均按组成计税价格和增值税税率直接计算应纳税额，即

$$\text{进口产品增值税额} = \text{组成计税价格} \times \text{增值税税率} \qquad (8\text{-}14)$$

$$\text{组成计税价格} = \text{关税完税价格} + \text{关税} + \text{消费税} \qquad (8\text{-}15)$$

其中，增值税税率根据规定的税率计算。

⑧ 消费税。对部分进口设备（如轿车、摩托车等）征收，一般计算公式为：

$$\text{应纳消费税额} = \frac{\text{到岸价} + \text{关税}}{1 - \text{消费税率}} \times \text{消费税税率} \qquad (8\text{-}16)$$

其中，消费税税率根据规定的税率计算。

⑨ 海关监管手续费。指海关对进口减税、免税、保税货物实施监督、管理，提供服务的手续费。对于全额征收进口关税的货物不计本项费用。其公式如下，即

$$\text{海关监管手续费} = \text{到岸价} \times \text{海关监管手续费率} \qquad (8\text{-}17)$$

⑩ 车辆购置附加费。进口车辆需缴进口车辆购置附加费。其公式如下，即

$$\text{进口车辆购置附加费} = (\text{到岸价} + \text{关税} + \text{消费税} + \text{增值税}) \times \text{进口车辆购置附加费率} \qquad (8\text{-}18)$$

3. 设备运杂费的构成和计算

设备运杂费按设备原价乘以设备运杂费率计算，即

$$\text{设备运杂费} = \text{设备原价} \times \text{设备运杂费率} \qquad (8\text{-}19)$$

其中，设备运杂费率按各部门及省、市等的规定计取。设备运杂费通常由下列各项构成。

（1）国产标准设备由设备制造厂交货地点起至工地仓库（或施工组织设计指定的需要安装设备的堆放地点）止所发生的运费和装卸费。进口设备则由我国到岸港口、边境车站起至工地仓库（或施工组织设计指定的需要安装设备的堆放地点）止所发生的运费和装卸费。

（2）在设备出厂价格中没有包含的设备包装和包装材料器具费。在设备出厂价或进口设备价格中如已包括了此项费用，则不应重复计算。

（3）供销部门的手续费，按有关部门规定的统一费率计算。

（4）建设单位（或工程承包公司）的采购与仓库保管费，是指采购、验收、保管和收发设备所发生的各种费用，包括设备采购、保管和管理人员工资、工资附加费、办公费、差旅交通费、设备供应部门办公和仓库所占固定资产使用费、工具用具使用费、劳动保护费、检验试验费等。这些费用可按主管部门规定的采购保管费率计算。

一般来讲，沿海和交通便利的地区设备运杂费率相对低一些，内地和交通不很便利的地区就要相对高一些，边远省份则要更高一些。对于非标准设备来讲，应尽量就近委托设备制造厂，以大幅度降低设备运杂费。进口设备由于原价较高，国内运距较短，因而运杂费比率应适当降低。

二、 园林工具、 器具和生产家具购置费的构成及计算

园林工具、器具及生产家具购置费，是指新建或扩建园林项目初步设计规定的、保证初

期正常生产必须购置的没有达到固定资产标准的设备、仪器、工卡模具、器具、生产家具和备品备件等的购置费用，一般以设备购置费为计算基数，按照部门或行业规定的工具、器具及生产家具费率计算。其计算公式为：

$$工具、器具及生产家具购置费 = 设备购置费 \times 定额费率 \tag{8-20}$$

第三节　园林建筑安装工程费用项目

一、园林建筑安装工程费用项目组成及其内容

园林建筑安装工程费用项目组成如图 8-2 所示。

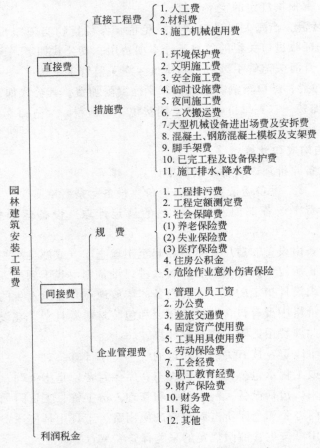

图 8-2　园林建筑安装工程费用项目组成

1. 直接费

直接费由直接工程费和措施费组成。

（1）直接工程费。它是指施工过程中耗费的构成园林工程实体的各项费用，包括人工费、材料费、施工机械使用费。

人工费。是指直接从事园林建筑安装工程施工的生产工人开支的各项费用，包括：

① 基本工资。是指发放给生产工人的基本工资。

② 工资性补贴。是指按规定标准发放的物价补贴，如煤、燃气补贴，交通补贴，住房补贴，流动施工津贴等。

③ 生产工人辅助工资。是指生产工人年有效施工天数以外非作业天数的工资，包括职工学习、培训期间的工资，调动工作、探亲、休假期间的工资，因气候影响的停工工资，女工哺乳期间的工资，病假在六个月以内的工资及产、婚、丧假期的工资。

④ 职工福利费。是指按规定标准计提的职工福利费。

⑤ 生产工人劳动保护费。是指按规定标准发放的劳动保护用品的购置费及修理费、徒工服装补贴、防暑降温费、在有碍身体健康环境中施工的保健费用等。

材料费。是指园林施工过程中耗费的构成园林工程实体的原材料、辅助材料、构配件、零件、半成品的费用，包括以下几个方面。

① 材料原价（或供应价格）。

② 材料运杂费。是指材料自来源地运至工地仓库或指定堆放地点所发生的全部费用。

③ 运输损耗费。是指材料在运输装卸过程中不可避免的损耗。

④ 采购及保管费。是指组织采购、供应和保管材料过程中所需要的各项费用，包括采购费、仓储费、工地保管费、仓储损耗等费用。

⑤ 检验试验费。是指对建筑材料、构件和建筑安装物进行一般鉴定、检查所发生的费用，包括自设试验室进行试验所耗用的材料和化学药品等费用，不包括新结构、新材料的试验费和建设单位对具有出厂合格证明的材料进行检验、对构件做破坏性试验及其他特殊要求检验试验的费用。

施工机械使用费。是指施工机械作业所发生的机械使用费以及机械安拆费和场外运费。施工机械台班单价应由下列七项费用组成。

① 折旧费。指施工机械在规定的使用年限内陆续收回其原值及购置资金的时间价值。

② 大修理费。指施工机械按规定的大修理间隔台班进行必要的大修理，以恢复其正常功能所需的费用。

③ 经常修复费。指施工机械除大修理以外的各级保养和临时故障排除所需的费用，包括为保障机械正常运转所需替换设备与随机配备工具附具的摊销和维护费用，机械运转中日常保养所需润滑与擦拭的材料费用及机械停滞期间的维护和保养费用等。

④ 安拆费及场外运费。安拆费指施工机械在现场进行安装与拆卸所需的人工、材料、机械和试运转费用以及机械辅助设施的折旧、搭设、拆除等费用。场外运费指施工机械整体或分体自停放地点运至施工现场或由一施工地点运至另一施工地点的运输、装卸、辅助材料及架线等费用。

⑤ 人工费。指司机（司炉）和其他操作人员的工作日人工费及上述人员在施工机械规定的年工作台班以外的人工费。

⑥ 燃料动力费。指施工机械在运转作业中所消耗的固体燃料（煤、木柴）、液体燃料（汽油、柴油）及水、电等费用。

⑦ 养路费及车船使用税。指施工机械按照国家规定和有关部门规定应缴纳的养路费、车船使用税、保险费及年检费等。

（2）措施费。它是指为完成园林工程项目施工发生于该园林工程施工前和施工过程中非工程实体项目的费用，包括以下几项。

① 环境保护费。是指施工现场为达到环保部门要求所需要的各项费用。

② 文明施工费。是指施工现场文明施工所需要的各项费用。

③ 安全施工费。是指施工现场安全施工所需要的各项费用。

④ 临时设施费。是指施工企业为进行园林建筑工程施工所必须搭设的生活和生产用的临时建筑物、构筑物和其他临时设施费用等。

临时设施包括：临时宿舍、文化福利及公用事业房屋与构筑物，仓库、办公室、加工厂以及规定范围内道路、水、电、管线等临时设施和小型临时设施。

临时设施费用包括临时设施的搭设、维修、拆除费或摊销费。

⑤ 夜间施工费。是指因夜间施工所发生的夜班补助费、夜间施工降效费、夜间施工照明设备摊销及照明用电等费用。

⑥ 夜间施工费。是指因夜间施工所发生的夜班补助费、夜间施工降效费、夜间施工照明设备摊销及照明用电等费用。

⑦ 二次搬运费。是指因施工场地狭小等特殊情况而发生的二次搬运费用。

⑧ 大型机械设备进出场及安拆费。是指机械整体或分体自停放场地运至施工现场或由一个施工地点运至另一个施工地点所发生的机械进出场运输转移费用及机械在施工现场进行安装、拆卸所需的人工费、材料费、机械费、试运转费和安装所需的辅助设施的费用。

⑨ 混凝土、钢筋混凝土模板及支架费。是指混凝土施工过程中需要的各种钢模板、木模板、支架等的支、拆、运输费用及模板、支架的摊销（或租赁）费用。

⑩ 脚手架费。是指施工需要的各种脚手架搭、拆、运输费用及脚手架的摊销（或租赁）费用。

⑪ 已完工程及设备保护费。是指竣工验收前对已完工程及设备进行保护所需费用。

⑫ 施工排水、降水费。是指为确保工程在正常条件下施工，采取各种排水、降水措施所发生的各种费用。

2. 间接费

间接费由规费和企业管理费组成。

（1）规费。是指政府和有关权力部门规定必须缴纳的费用（简称规费）。

① 工程排污费。是指施工现场按规定缴纳的工程排污费。

② 工程定额测定费。是指按规定支付工程造价（定额）管理部门的定额测定费。

③ 社会保障费。包括以下几个方面。

a. 养老保险费。是指企业按国家规定标准为职工缴纳的基本养老保险费。

b. 失业保险费。是指企业按照国家规定标准为职工缴纳的失业保险费。

c. 医疗保险费。是指企业按照规定标准为职工缴纳的基本医疗保险费。

④ 住房公积金。是指企业按规定标准为职工缴纳的住房公积金。

⑤ 危险作业意外伤害保险。是指按照建筑法规定，企业为从事危险作业的建筑安装施工人员支付的意外伤害保险费。

（2）企业管理费。是指建筑安装企业组织施工生产和经营管理所需的费用，内容包括：

① 管理人员工资。是指管理人员的基本工资、工资性补贴、职工福利费、劳动保护费等。

② 办公费。是指企业管理办公用的文具、纸张、账表、印刷、邮电、书报、会议、水电、烧水和集体取暖（包括现场临时宿舍取暖）用煤等费用。

③ 差旅交通费。是指职工因公出差、调动工作的差旅费、住勤补助费，市内交通费和

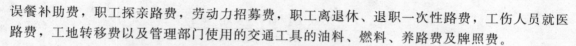

误餐补助费，职工探亲路费，劳动力招募费，职工离退休、退职一次性路费，工伤人员就医路费，工地转移费以及管理部门使用的交通工具的油料、燃料、养路费及牌照费。

④ 固定资产使用费。是指管理和试验部门及附属生产单位使用的属于固定资产的房屋、设备仪器等的折旧、大修、维修或租赁费。

⑤ 工具用具使用费。是指管理使用的不属于固定资产的生产工具、器具、家具、交通工具和检验、试验、测绘、消防用具等的购置、维修和摊销费。

⑥ 劳动保险费。是指由企业支付离退休职工的易地安家补助费、职工退职金、六个月以上的病假人员工资、职工死亡丧葬补助费、抚恤费以及按规定支付给离休干部的各项经费。

⑦ 工会经费。是指企业按职工工资总额计提的工会经费。

⑧ 职工教育经费。是指企业为职工学习先进技术和提高文化水平，按职工工资总额计提的费用。

⑨ 财产保险费。是指施工管理用财产、车辆保险。

⑩ 财务费。是指企业为筹集资金而发生的各种费用。

⑪ 税金。是指企业按规定缴纳的房产税、车船使用税、土地使用税、印花税等。

⑫ 其他。包括技术转让费、技术开发费、业务招待费、绿化费、广告费、公证费、法律顾问费、审计费、咨询费等。

3. 利润

利润是指施工企业完成所承包园林工程获得的盈利。

4. 税金

税金是指国家税法规定的应计入园林建筑安装工程造价内的营业税、城市维护建设税及教育费附加等。

二、 园林建筑安装工程费用参考计算方法

1. 直接费的参考计算方法

（1）直接工程费

$$直接工程费＝人工费＋材料费＋施工机械使用费$$

① 人工费

$$人工费＝\sum（工日消耗量×日工资单价） \tag{8-21}$$

日工资单价（G）$= \sum_{1}^{5} G$

基本工资（G_1）

$$G_1＝\frac{生产工人平均月工资}{年平均每月法定工作日} \tag{8-22}$$

工资性补贴（G_2）

$$G_2＝\frac{\sum 年发放标准}{全年日历日－法定假日}＋每工作日发放标准＋\frac{\sum 月发放标准}{年平均每月法定工作日} \tag{8-23}$$

生产工人辅助工资（G_3）

$$G_3 = \frac{\text{全年无效工作日} \times (G_1 + G_2)}{\text{全年日历日} - \text{法定假日}} \tag{8-24}$$

职工福利费（G_4）

$$G_4 = (G_1 + G_2 + G_3) \times \text{福利费计提比例}（\%） \tag{8-25}$$

生产工人劳动保护费（G_5）

$$G_5 = \frac{\text{生产工人年平均支出劳动保护费}}{\text{全年日历日} - \text{法定假日}} \tag{8-26}$$

② 材料费

$$\text{材料费} = \sum（\text{材料消耗量} \times \text{材料基价}）+ \text{检验试验费} \tag{8-27}$$

$$\text{材料费} = \sum（\text{材料消耗量} \times \text{材料基价}）+ \text{检验试验费}$$

$$\text{材料基价} = [（\text{供应价格} + \text{运杂费}）\times（1 + \text{运输损耗率}）]$$
$$\times（1 + \text{采购保管费率}） \tag{8-28}$$

$$\text{检验试验费} = \sum（\text{单位材料量检验试验费} \times \text{材料消耗量}） \tag{8-29}$$

③ 施工机械使用费

$$\text{施工机械使用费} = \sum（\text{施工机械台班消耗量} \times \text{机械台班单价}） \tag{8-30}$$

$$\text{机械台班单价} = \text{台班折旧费} + \text{台班大修费} + \text{台班经常修理费}$$
$$+ \text{台班安拆费及场外运费} + \text{台班人工费}$$
$$+ \text{台班燃料动力费} + \text{台班养路费及车船使用税} \tag{8-31}$$

（2）措施费。本规则中只列通用措施费项目的计算方法。各专业工程的专用措施费项目的计算方法由各地区或国务院有关专业主管部门的工程造价管理机构自行制订。

① 环境保护费

$$\text{环境保护费} = \text{直接工程费} \times \text{环境保护费费率}（\%） \tag{8-32}$$

$$\text{环境保护费率}（\%） = \frac{\text{本项费用年度平均支出}}{\text{全年建安产值} \times \text{直接工程费占总造价比例}（\%）} \tag{8-33}$$

② 文明施工费

$$\text{文明施工费} = \text{直接工程费} \times \text{文明施工费费率}（\%） \tag{8-34}$$

$$\text{文明施工费费率}（\%） = \frac{\text{本项费用年度平均支出}}{\text{全年建安产值} \times \text{直接工程费占总造价比例}（\%）} \tag{8-35}$$

③ 安全施工费

$$\text{安全施工费} = \text{直接工程费} \times \text{安全施工费费率}（\%） \tag{8-36}$$

$$\text{安全施工费费率}（\%） = \frac{\text{本项费用年度平均支出}}{\text{全年建安产值} \times \text{直接工程费占总造价比例}（\%）} \tag{8-37}$$

④ 临时设施费。临时设施费由以下三部分组成：周转使用临建（如活动房屋）；一次性使用临建（如简易建筑）；其他临时设施（如临时管线）。

$$\text{临时设施费} = （\text{周转使用临建费} + \text{一次性使用临建费}）$$
$$\times [1 + \text{其他临时设施所占比例}（\%）] \tag{8-38}$$

a. 周转使用临建费

$$周转使用临时费 = \sum \left[\frac{临时面积 \times 每平方米造价}{使用年限 \times 365 \times 利用率（\%）} \right] \times 工期（天）$$
$$+ 一次性拆除费 \tag{8-39}$$

b. 一次性使用临建费

$$一次性使用临建费 = \sum 临建面积 \times 每平方米造价 \times \left[1 - 残值率（\%） \right]$$
$$+ 一次性拆除费 \tag{8-40}$$

c. 其他临时设施在临时设施费中所占比例，可由各地区造价管理部门依据典型施工企业的成本资料经分析后综合测定。

⑤ 夜间施工增加费

$$夜间施工增加费 = \left(1 - \frac{合同工期}{定额工期} \right) \times \frac{直接工程费中的人工费合计}{平均日工资单价}$$
$$\times 每工日夜间施工费开支 \tag{8-41}$$

⑥ 二次搬运费

$$二次搬运费 = 直接工程费 \times 二次搬运费费率（\%） \tag{8-42}$$

$$二次搬运费 = \frac{年平均二次搬运费开支额}{全年建安产值 \times 直接工程费占总造价的比例（\%）} \tag{8-43}$$

⑦ 大型机械进出场及安拆费

$$大型机械进出场安拆费 = \frac{一次进出场及安拆费 \times 年平均安拆次数}{年工作台班} \tag{8-44}$$

⑧ 混凝土、钢筋混凝土模板及支架

$$模板及支架费 = 模板摊销量 \times 模板价格 + 支、拆、运输费摊销量$$
$$= 一次使用量 \times （1 + 施工损耗）$$
$$\times \left[1 + （周转次数 - 1） \times 补损率 / 周转次数 \right.$$
$$\left. - （1 - 补损率）50\% / 周转次数 \right] \tag{8-45}$$

$$租赁费 = 模板使用量 \times 使用日期 \times 租赁价格 + 支、拆、运输费 \tag{8-46}$$

⑨ 脚手架搭拆费

$$脚手架搭拆费 = 脚手架摊销量 \times 脚手架价格 + 搭、拆、运输费$$

$$脚手架摊销量 = \frac{单位一次使用量 \times （1 - 残值率）}{耐用期 / 一次使用期} \tag{8-47}$$

$$租赁费 = 脚手架每日租金 \times 搭设周期 + 搭、拆、运输费 \tag{8-48}$$

⑩ 已完工程及设备保护费

$$已完工程及设备保护费 = 成品保护所需机械费 + 材料费 + 人工费 \tag{8-49}$$

⑪ 施工排水、降水费

$$排水降水费 = \sum 排水降水机械台班费 \times 排水降水周期$$

$$+ 排水降水使用材料费、人工费 \tag{8-50}$$

2. 间接费的参考计算方法

间接费的计算方法按取费基数的不同分为以下三种：

（1）以直接费为计算基础

$$间接费 = 直接费合计 \times 间接费费率（\%） \tag{8-51}$$

（2）以人工费和机械费合计为计算基础

$$间接费 = 人工费和机械费合计 \times 间接费费率（\%） \tag{8-52}$$

$$间接费费率（\%） = 规费费率（\%） + 企业管理费费率（\%） \tag{8-53}$$

（3）以人工费为计算基础

$$间接费 = 人工费合计 \times 间接费费率（\%） \tag{8-54}$$

① 规费费率。根据本地区典型工程发承包价的分析资料综合取定规费计算中所需数据有：每万元发承包价中人工费含量和机械费含量；人工费占直接费的比例；每万元发承包价中所含规费缴纳标准的各项基数。

规费费率的计算公式如下。

以直接费为计算基础

$$规费费率（\%） = \frac{\sum 规费缴纳标准 \times 每万元发承包价计算基数}{每万元发承包价中的人工费含量} \tag{8-55}$$

以人工费和机械费合计为计算基础

$$规费费率（\%） = \frac{\sum 规费缴纳标准 \times 每万元发承包价计算基数}{每万元发承包价中的人工费含量和机械含量} \times 100\% \tag{8-56}$$

以人工费为计算基础

$$规费费率（\%） = \frac{\sum 规费缴纳标准 \times 每万元发承包价计算基数}{每万元发承包价中的人工费含量} \times 100\% \tag{8-57}$$

② 企业管理费费率。企业管理费费率计算公式如下：

以直接费为计算基础

$$业管理费费率（\%） = \frac{生产工人平均管理费}{年有效施工天数 \times 人工单价} \times 人工费占直接费比例（\%）$$

$$\tag{8-58}$$

以人工费和机械费合计为计算基础

$$企业管理费费率（\%） = \frac{生产工人平均管理费}{年有效施工天数 \times （人工单价 + 每一日机械使用费）} \times 100\%$$

$$\tag{8-59}$$

以人工费为计算基础

$$企业管理费费率（\%） = \frac{生产工人年平均管理费}{年有效施工天数 \times 人工单价} \times 100\% \tag{8-60}$$

3. 利润的参考计算方法

利润计算公式见本节"三、建筑安装工程计价程序"。

4. 税金的参考计算方法

（1）税金计算公式

$$税金 = （税前造价 + 利润） \times 税率（\%）\qquad(8-61)$$

（2）税率的计算公式

① 纳税地点在市区的企业

$$税率（\%） = \frac{1}{1 - 3\% - （3\% \times 7\%） - （3\% \times 3\%）} - 1 \qquad(8-62)$$

② 纳税地点在县城、镇的企业

$$税率（\%） = \frac{1}{1 - 3\% - （3\% \times 5\%） - （3\% \times 3\%）} - 1 \qquad(8-63)$$

③ 纳税地点不在市区、县城、镇的企业

$$税率（\%） = \frac{1}{1 - 3\% - （3\% \times 1\%） - （3\% \times 3\%）} - 1 \qquad(8-64)$$

三、建筑安装工程计价程序

1. 工料单价法计价程序

工料单价法以分部分项工程量乘以单价后的合计为直接工程费。直接工程费由人工、材料、机械的消耗量及其相应价格确定。直接工程费汇总后另加间接费、利润、税金生成园林工程发承包价，其计算程序分为三种。

（1）以直接费为计算基础（表 8-1）

表 8-1　以直接费为计算基础的工料单价法计价程序

序号	费用项目	计算方法	备注
1	直接工程费	按预算表	—
2	措施费	按规定标准计算	—
3	小计	1+2	—
4	间接费	3×相应费率	—
5	利润	（3+4）×相应费率	—
6	合计	3+4+5	—
7	含税造价	6×（1+相应费率）	—

（2）以人工费和机械费为计算基础（表 8-2）

表 8-2　以人工费和机械费为计算基础的工料单价法计价程序

序号	费用项目	计算方法	备注
1	直接工程费	按预算表	—
2	其中人工费和机械费	按预算表	—
3	措施费	按规定标准计算	—
4	其中人工费和机械费	按规定标准计算	—
5	小计	1+3	—
6	其中人工费和机械费	2+4	—
7	间接费	6×相应费率	—
8	利润	6×相应利润率	—
9	合计	5+7+8	—
10	含税造价	9×（1+相应税率）	—

（3）以人工费为计算基础（表 8-3）

表 8-3　以人工费为计算基础的工料单价法计价程序

序号	费用项目	计算方法	备注
1	直接工程费	按预算表	—
2	直接工程费中人工费	按预算表	—
3	措施费	按规定标准计算	—
4	措施费中人工费	按规定标准计算	—
5	小计	1+3	—
6	人工费小计	2+4	—
7	间接费	6×相应费率	—
8	利润	6×相应利润率	—
9	合计	5+7+8	—
10	含税造价	9×(1+相应税率)	—

2. 综合单价法计价程序

综合单价法以分部分项工程单价为全费用单价。全费用单价经综合计算后生成，其内容包括直接工程费、间接费、利润和税金（措施费也可按此方法生成全费用价格）。

各分项工程量乘以综合单价的合价汇总后，生成工程发承包价。

由于各分部分项工程中的人工、材料、机械含量的比例不同，各分项工程可根据其材料费占人工费、材料费、机械费合计的比例（以字母"C"代表该项比值）在以下三种计算程序中选择一种计算其综合单价。

（1）当 $C>C_0$（C_0 为本地区原费用定额测算所选典型工程材料费占人工费、材料费和机械费合计为基数计算该分项的间接费和利润（表 8-4）。

表 8-4　以直接费为计算基础的综合单价法计价程序

序号	费用项目	计算方法	备注
1	分项直接工程费	人工费+材料费+机械费	—
2	其中人工费和材料费	人工费+材料费	—
3	间接费	2×相应费率	—
4	利润	2×相应利润率	—
5	合计	1+3+4	—
6	含税造价	5×(1+相应税率)	—

（2）当 $C<C_0$ 值的下限时，可采用以人工费和机械费合计为基数计算该分项的间接费合利润（表 8-5）。

表 8-5　以人工费和机械费为计算基础的综合单价法计价程序

序号	费用项目	计算方法	备注
1	分项直接工程费	人工费+材料费+机械费	—
2	其中人工费和机械费	人工费+机械费	—
3	间接费	2×相应费率	—
4	利润	2×相应利润率	—
5	合计	1+3+4	—
6	含税造价	5×(1+相应税率)	—

（3）如该分项的直接费仅为人工费，无材料费和机械费时，可采用以人工费为基数计算该分项的间接费和利润（表 8-6）。

表 8-6 以人工费为基础的综合单价计价程序

序号	费用项目	计算方法	备注
1	分项直接工程费	人工费＋材料费＋机械费	—
2	直接工程费中人工费	人工费	—
3	间接费	2×相应费率	—
4	利润	2×相应利润率	—
5	合计	1＋3＋4	—
6	含税造价	5×(1＋相应税率)	—

第四节 园林工程其他费用

园林工程建设其他费用是指从园林工程筹建到园林工程竣工验收交付使用的整个建设期间，除建筑安装工程费用和设备、工器具购置费以外的，为保证工程建设顺利完成和交付使用后能够正常发挥效用而发生的一些费用。

园林工程建设其他费用按其内容大体可分为三类：第一类为土地使用费。由于园林工程项目固定于一定地点与地面相连接，必须占用一定量的土地，也就必然要发生为获得建设用地而支付的费用。第二类是与园林项目建设有关的费用。第三类是与未来企业生产和经营活动有关的费用。

一、土地使用费

任何一个园林建设项目都固定于一定地点与地面相连接，必须占用一定量的土地，也就必然要发生为获得建设用地而支付的费用，这就是土地使用费。它是指通过划拨方式取得土地使用权而支付的土地征用及迁移补偿费，或者通过土地使用权出让方式取得土地使用权而支付的土地使用权出让金。

1. 土地征用及迁移补偿费

土地征用及迁移补偿费，是指建设项目通过划拨方式取得无限期的土地使用权，依照《中华人民共和国土地管理法》等规定所支付的费用。其总和一般不得超过被征土地年产值的 20 倍，土地年产值则按该地被征用前 3 年的平均产量和国家规定的价格计算。

（1）土地补偿费。征用耕地（包括菜地）的补偿标准，按政府规定，为该耕地年产值的若干倍，具体补偿标准由省、自治区、直辖市人民政府在此范围内制订。征用园地、鱼塘、藕塘、苇塘、宅基地、林地、牧场、草原等的补偿标准由省、自治区、直辖市人民政府制订。征收无收益的土地不予补偿。

（2）青苗补偿费和被征用土地上的房屋、水井、树木等附着物补偿费。这些补偿费的标准由省、自治区、直辖市人民政府制订。征用城市郊区的菜地时，还应按照有关规定向国家缴纳新菜地开发建设基金。

（3）安置补助费。征用耕地、菜地的，每个农业人口的安置补助费为该地每亩年产值的 2～3 倍。每亩耕地的安置补助费最高不得超过其年产值的 10 倍。

（4）缴纳的耕地占用税或城镇土地使用税、土地登记费及征地管理费等。县市土地管理机关从征地费中提取土地管理费的比率，要按征地工作量大小，视不同情况，在 $1\% \sim 4\%$ 幅度内提取。

（5）征地动迁费，包括征用土地上的房屋及附属构筑物、城市公共设施等拆除、迁建补偿费，搬迁运输费，企业单位因搬迁造成的减产、停工损失补贴费，拆迁管理费等。

2. 取得国有土地使用费

取得国有土地使用费包括土地使用权出让金、城市建设配套费、拆迁补偿与临时安置补助费等。

（1）土地使用权出让金。它是指建设工程通过土地使用权出让方式取得有限期的土地使用权，依照《中华人民共和国城镇国有土地使用权出让和转让暂行条例》规定支付的土地使用权出让金。

明确国家是城市土地的唯一所有者，并分层次、有偿、有限期地出让、转让城市土地。第一层次是城市政府将国有土地使用权出让给用地者，该层次由城市政府垄断经营。出让对象可以是有法人资格的企事业单位，也可以是外商。第二层次及以下层次的转让则发生在使用者之间。

城市土地的出让和转让可采用协议、招标、公开拍卖等方式。

① 协议方式是由用地单位申请，经市政府批准同意后双方洽谈具体地块及地价。该方式适用于市政工程、公益事业用地以及需要减免地价的机关、部队用地和需要重点扶持、优先发展的产业用地。

② 招标方式是在规定的期限内，由用地单位以书面形式投标，市政府根据投标报价、所提供的规划方案以及企业信誉综合考虑，择优而取。该方式适用于一般工程建设用地。

③ 公开拍卖是指在指定的地点和时间，由申请用地者叫价应价，价高者得。这完全是由市场竞争决定的，适用于盈利高的行业用地。

在有偿出让和转让土地时，政府对地价不作统一规定，但应坚持以下原则。

① 地价对目前的投资环境不产生大的影响。

② 地价与当地的社会经济承受能力相适应。

③ 地价要考虑已投入的土地开发费用、土地市场供求关系、土地用途和使用年限。

关于政府有偿出让土地使用权的年限，各地可根据时间、区位等各种条件作不同的规定，一般可在 $30 \sim 99$ 年之间。按照地面附属建筑物的折旧年限来看，以 50 年为宜。

土地有偿出让和转让，土地使用者和所有者要签约，明确使用者对土地享有的权利和对土地所有者应承担的义务。

① 有偿出让和转让使用权，要向土地受让者征收契税。

② 转让土地如有增值，要向转让者征收土地增值税。

③ 在土地转让期间，国家要区别不同地段、不同用途向土地使用者收取土地占用费。

（2）城市建设配套费。它是指因进行城市公共设施的建设而分摊的费用。

（3）拆迁补偿与临时安置补助费。此项费用由两部分构成，即拆迁补偿费和临时安置补助费或搬迁补助费。拆迁补偿费是指拆迁人对被拆迁人按照有关规定予以补偿所需的费用。拆迁补偿的形式可分为产权调换和货币补偿两种形式。产权调换的面积按照所拆迁房屋的建筑面积计算；货币补偿的金额按照被拆迁人或者房屋承租人支付搬迁补助费。在过渡期内，被拆迁人或者房屋承租人自行安排住处的，拆迁人应当支付临时安置补助费。

二、 与园林建设有关的其他费用

根据项目的不同，与园林建设有关的其他费用的构成也不尽相同，一般包括以下各项。在进行园林工程估算及概算中可根据实际情况进行计算。

1. 建设单位管理费

建设单位管理费是指对园林建设项目从立项、筹建、建设、联合试运转、竣工验收、交付使用及后评估等全过程管理所需的费用，包括以下方面。

（1）建设单位开办费。它指新建项目为保证筹建和建设工作正常进行所需办公设备、生活家具、用具、交通工具等的购置费用。

（2）建设单位经费。它包括工作人员的基本工资、工资性补贴、职工福利费、劳动保护费、劳动保险费、办公费、差旅交通费、工会经费、职工教育经费、固定资产使用费、工具用具使用费、技术图书资料费、生产人员招募费、工程招标费、合同契约公证费、工程质量监督检测费、工程咨询费、法律顾问费、审计费、业务招待费、排污费、竣工交付使用清理及竣工验收费、后评估费等费用，不包括应计入设备、材料预算价格的建设单位采购及保管设备材料所需的费用。

建设单位管理费按照单项工程费用之和（包括设备工、器具购置费和建筑安装工程费用）乘以建设单位管理费率计算。建设单位管理费率按照建设项目的不同性质、不同规模确定。有的建设项目按照建设工期和规定的金额计算建设单位管理费。

2. 勘察设计费

勘察设计费是指为本园林建设项目提供项目建议书、可行性研究报告及设计文件等所需的费用，内容包括以下方面。

（1）编制项目建议书、可行性研究报告及投资估算、工程咨询、工程评价以及为编制上述文件所进行勘察、设计、研究试验等所需的费用。

（2）委托勘察、设计单位进行初步设计、施工图设计及概预算编制等所需的费用。

（3）在规定范围内由建设单位自行完成的勘察、设计工作所需的费用。

3. 研究试验费

研究试验费是指为园林建设项目提供和验证设计参数、数据、资料等所进行的必要的试验费用以及设计规定在施工中必须进行的试验、验证所需的费用，包括自行或委托其他部门研究试验所需的人工费、材料费、试验设备及仪器使用费等。这项费用按照设计单位根据本工程项目的需要提出的研究试验内容和要求计算。

4. 建设单位临时设施费

建设单位临时设施费是指园林工程建设期间建设单位所需临时设施的搭设、维修、摊销费用或租赁费用。

临时设施包括临时宿舍、文化福利及公用事业房屋与构筑物、仓库、办公室、加工厂以及规定范围内的道路、水、电、管线等临时设施和小型临时设施。

5. 工程监理费

工程监理费是指建设单位委托工程监理单位对工程实施监理工作所需的费用。根据原国家物价局、建设部《关于发布工程建设监理费用有关规定的通知》（〔1992〕价费字479号）等文件规定，选择下列方法之一计算。

（1）一般情况应按工程建设监理收费标准计算，即按所监理工程概算或预算的百分比计算。

（2）对于单工种或临时性项目可根据参与监理的年度平均人数按 3.5 万～5 万元/（人·年）计算。

6. 引进技术和进口设备其他费用

引进技术及进口设备其他费用，包括出国人员费用、国外工程技术人员来华费用、技术引进费、分期或延期付款利息、担保费以及进口设备检验鉴定费。

（1）出国人员费用。它是指为引进技术和进口设备派出人员在国外培训和进行设计联络、设备检验等的差旅费、制装费、生活费等。这项费用根据设计规定的出国培训和工作的人数、时间及派往国家，按财政部、外交部规定的临时出国人员费用开支标准及中国民用航空公司现行国际航线票价等进行计算，其中使用外汇部分应计算银行财务费用。

（2）国外工程技术人员来华费用。它是指为安装进口设备、引进国外技术等聘用外国工程技术人员进行技术指导工作所发生的费用，包括技术服务费、外国技术人员的在华工资、生活补贴、差旅费、医药费、住宿费、交通费、宴请费、参观游览等招待费用。这项费用按每人每月费用指标计算。

（3）技术引进费。它是指为引进国外先进技术而支付的费用，包括专利费、专有技术费（技术保密费）、国外设计及技术资料费、计算机软件费等。这项费用根据合同或协议的价格计算。

（4）分期或延期付款利息。它是指利用出口信贷引进技术或进口设备采取分期或延期付款的办法所支付的利息。

（5）担保费。它是指国内金融机构为买方出具保函的担保费。这项费用按有关金融机构规定的担保费率计算（一般可按承保金额的 5% 计算）。

（6）进口设备检验鉴定费用。它是指进口设备按规定付给商品检验部门的进口设备检验鉴定费。这项费用按进口设备货价的 3%～5% 计算。

7. 工程承包费

工程承包费是指具有总承包条件的工程公司对园林工程建设项目从开始建设至竣工投产全过程的总承包所需的管理费用，具体包括组织勘察设计、设备材料采购、非标设备设计制造与销售、施工招标、发包、工程预决算、项目管理、施工质量监督、隐蔽工程检查、验收和试车直至竣工投产的各种管理费用。该费用按国家主管部门或省、自治区、直辖市协调规定的工程总承包费取费标准计算。

第五节　园林工程造价的管理

一、园林工程造价管理的概念

园林工程造价有两种含义，园林工程造价管理也有两种：一是园林工程投资费用管理；二是园林工程价格管理。园林工程造价确定依据的管理和园林工程造价专业队伍建设的管理则是为这两种管理服务的。

作为园林工程的投资费用管理，园林工程造价管理属于园林投资管理范畴，更明确地说，它属于园林工程建设投资管理范畴。管理是为了实现一定的目标而进行的计划、预测、组织、指挥、监控等系统活动。园林工程建设投资管理，就是为了达到预期的效果（效益）对园林工程的投资行为进行计划、预测、组织、指挥和监控等系统活动。但是，园林工程造价第一种含义的管理侧重于投资费用的管理，而不是园林工程建设的技术方面。园林工程投资费用管理，是指为了实现投资的预期目标，在拟定的规划、设计方案的条件下，预测、计算、确定和监控园林工程造价及其变动的系统活动。这一含义既涵盖了微观层次的项目投资费用的管理，也涵盖了宏观层次的投资费用的管理。

作为园林工程造价第二种含义的管理，即园林工程价格管理，属于价格管理范畴。在社会主义市场经济条件下，价格管理分两个层次。在微观层次上，它是生产企业在掌握市场价格信息的基础上，为实现管理目标而进行的成本控制、计价、定价和竞价的系统活动。它反映了微观主体按支配价格运动的经济规律，对商品价格进行能动的计划、预测、监控和调整，并接受价格对生产的调节。在宏观层次上，它是政府根据社会经济发展的要求，利用法律、经济和行政手段对价格进行管理和调控，并通过市场管理规范市场主体价格行为的系统活动。园林工程建设关系国计民生。同时，政府投资公共、公益性项目在今后仍然会有相当份额。因此，国家对园林工程造价的管理，不仅承担一般商品价格的调控职能，而且在政府投资项目上也承担着微观主体的管理职能。这种双重角色的双重管理职能是园林工程造价管理的一大特色。区分两种管理职能，进而制订不同的管理目标，采用不同的管理方法是必然的发展趋势。

二、 园林工程造价管理的目标和工作要素

园林工程造价管理是运用科学、技术原理和经济及法律手段解决园林工程建设活动中造价的确定与控制、技术与经济、引导与服务、管理与监督等实际问题，从而提高投资效益和经济效益。

1. 园林工程造价管理的目标、 特点及管理对象

（1）园林工程造价管理的目标。园林工程造价管理的目标是：遵循商品经济价值规律，健全价格调控机制，培育和规范建筑市场中劳动力、技术、信息等市场要素，企业依据政府和社会咨询机构提供的市场价格信息和造价指数自主报价，建立以市场形成为主的价格机制。通过市场价格机制的运行，达到优化配置资源，合理使用投资，有效控制园林工程造价，取得最佳投资效益和经济效益，形成统一、开放、协调、有序的建筑市场体系，将政府在园林工程造价管理中的职能从行政管理、直接管理转换为法规管理及协调监督，制订和完善建筑市场中经济管理规则，规范招标投标及承发包行为，制止不正当竞争，严格中介机构人员的资格认定，培育社会咨询机构为独立的行业，对园林工程造价实施全过程、全方位的动态管理，建立符合中国国情并与国际惯例接轨的园林工程造价管理体系。

（2）园林工程造价管理的特点。园林工程造价管理的特点主要表现在：时效性，反映的是某一时期内价格特性，即随时间的变化而不断变化；公正性，既要维护业主（投资人）的合法权益，也要维护承包商的利益，站在公允的立场上一手托两家；规范性，由于建筑产品千差万别，构成造价的基本要素可通过分解转变为便于可比与计量的假定产品，因而要求标准客观、工作程序规范；准确性，即运用科学、技术原理及法律手段进行科学管理，计量、计价、计费有理有据，有法可依。

（3）园林工程造价管理的对象。园林工程造价管理的对象分客体和主体。客体是园林工程建设项目，而主体是业主或投资人（建设单位）、承包商或承建商（设计单位、施工企业）

以及监理、咨询等机构及其工作人员。具体的园林工程造价管理工作，其管理的范围、内容以及作用各不相同。

2. 园林工程造价管理的工作要素

园林工程造价管理决定着建设项目的投资效益，它所要达到的目标一是造价本身（投入产出比）合理，二是实际造价不超概算。为此，要从园林工程的前期工作开始，采取"全过程、全方位"的方针实施管理。这里介绍中价协学术委员会关于工程造价具体的工作要素即主要环节。

（1）可行性研究阶段，对建设方案认真优选，编好、定好投资估算，考虑风险，打足投资。

（2）从优选择建设项目的承建单位、咨询（监理）单位、设计单位，搞好相应的招标。

（3）合理选定工程的建设标准、设计标准，贯彻国家建设方针。

（4）按估算对初步设计（含应有的施工组织设计）推行量财设计，积极、合理采用新技术、新工艺、新材料，优化设计方案，编好、定好概算。

（5）对设备、主材进行择优采购，抓好相应的招标。

（6）择优选定建筑安装施工单位、调试单位。

（7）认真控制施工图设计，推行"限额设计"。

（8）协调好与有关方面的关系，处理好配套工作（包括征地、拆迁、城建等）中的经济关系。

（9）严格按概算对造价实行静态控制、动态管理。

（10）用好、管好建设资金，保证资金合理、有效使用，减少资金利息支出和损失。

（11）严格合同管理，做好工程索赔、价款结算。

（12）搞好工程的建设管理，确保工程质量、进度和安全。

（13）组织好生产人员的培训，确保工程顺利投产。

（14）强化项目法人责任制，落实项目法人对工程造价管理的主体地位，在法人组织内建立与造价紧密结合的经济责任制。

（15）社会咨询（监理）机构要为项目法人积极开展工程造价全过程、全方位的咨询服务，坚持职业道德，确保服务质量。

（16）各造价管理部门要强化服务意识，强化基础工作（定额、指标、价格、工程量、造价等信息资料）的建设，为建设工程造价的合理计定提供动态的可靠依据。

（17）各单位、各部门要组织造价工程师的选拔、培养、培训工作，加快人员素质和工作水平的提高。

三、 园林工程造价管理的基本内容

园林工程造价管理的基本内容就是合理确定和有效地控制园林工程造价。

1. 园林工程造价的合理确定

所谓园林工程造价的合理确定，就是在园林建设程序的各个阶段，合理确定投资估算、概算造价、预算造价、承包合同价、结算价、竣工决算价。

（1）在园林项目建议书阶段，按照有关规定编制初步投资估算，经有关部门批准，作为拟建项目列入国家中长期计划和开展前期工作的控制造价。

（2）在可行性研究阶段，按照有关规定编制投资估算，经有关部门批准，即为该项目控制造价。

（3）在初步设计阶段，按照有关规定编制的初步设计总概算，经有关部门批准，即作为拟建园林工程造价的最高限额。对初步设计阶段，实行建设项目招标承包制、签订承包合同协议的，其合同价也应在最高限价（总概算）相应的范围以内。

（4）在施工图设计阶段，按规定编制施工图预算，用以核实施工图阶段预算造价是否超过批准的初步设计概算。

（5）对施工图预算为基础招标投标的工程，承包合同价也是以经济合同形式确定的建筑安装工程造价。

（6）在园林工程实施阶段要按照承包方实际完成的工程量，以合同价为基础，同时考虑因物价上涨所引起的造价提高，考虑到设计中难以预计的而在实施阶段实际发生的工程和费用，合理确定结算价。

（7）在竣工验收阶段，全面汇集在园林工程建设过程中实际花费的全部费用，编制竣工决算，如实体现该园林建设工程的实际造价。

2. 园林工程造价的有效控制

所谓园林工程造价的有效控制，就是在优化建设方案、设计方案的基础上，在建设程序的各个阶段，采用一定的方法和措施把园林工程造价的发生控制在合理的范围和核定的造价限额以内。具体地说，要用投资估算价控制设计方案的选择和初步设计概算造价，用概算造价控制技术设计和修正概算造价，用概算造价或修正概算造价控制施工图设计和预算造价，以求合理使用人力、物力和财力，取得较好的投资效益。控制造价在这里强调的是控制项目投资。有效控制园林工程造价应体现以下三项原则。

（1）以设计阶段为重点的建设全过程造价控制。园林工程造价控制贯穿于项目建设全过程，但是必须重点突出。很显然，园林工程造价控制的关键在于施工前的投资决策和设计阶段，而在项目作出投资决策后，控制园林工程造价的关键就在于设计。园林工程全寿命费用包括园林工程造价和工程交付使用后的经常开支费用（含经营费用、日常维护修理费用、使用期内大修理和局部更新费用）以及该项目使用期满后的报废拆除费用等。设计费一般只相当于园林建设工程全寿命费用的1%以下，但正是这少于1%的费用对于园林工程造价的影响度达75%以上。由此可见，设计质量对整个园林工程建设的效益是至关重要的。

长期以来，我国普遍忽视园林工程建设项目前期工作阶段的造价控制，而往往把控制园林工程造价的主要精力放在施工阶段——审核施工图，预算、结算建安工程价款，算细账。这样做尽管也有效果，但毕竟是"亡羊补牢"，事倍功半。要有效地控制园林工程造价，就要坚决地把控制重点转到建设前期阶段上来，当前尤其应抓住设计这个关键阶段，以取得事半功倍的效果。

（2）主动控制，以取得令人满意的结果。传统决策理论是建立在绝对的逻辑基础上的一种封闭式决策模型，它把人看作是具有绝对理性的"理性的人"或"经济人"，在决策时会本能地遵循最优化原则（即取影响目标的各种因素的最有利的值）来选择实施方案。美国经济学家西蒙首创的现代决策理论的核心是"令人满意"准则。他认为，由于人的头脑能够思考和解答问题的容量同问题本身规模相比是渺小的，因此在现实世界里，要采取客观合理的举动，哪怕接近客观合理性，也是很困难的。因此，对决策人来说，最优化决策几乎是不可能的。西蒙提出了用"令人满意"这个词来代替"最优化"。他认为决策人在决策时，可先对各种客观因素、执行人据以采取的可能行动以及这些行动的可能后果加以综合研究，并确定一套切合实际的衡量准则。如某一可行方案符合这种衡量准则，并能达到预期的目标，则这一方案便是满意的方案，可以采纳；否则应对原衡量准则作适当的修改，继续挑选。

一般说来，造价工程师的基本任务是合理确定并采取有效措施控制园林工程造价，为此，应根据业主的要求及建设的客观条件进行综合研究，实事求是地确定一套切合实际的衡量准则。只要造价控制的方案符合这套衡量准则，取得令人满意的结果，则应该说造价控制达到了预期的目标。

长期以来，人们一直把控制理解为目标值与实际值的比较以及当实际值偏离目标值时分析其产生偏差的原因，并确定下一步的对策。在园林工程项目建设全过程进行这样的工程造价控制当然是有意义的，但问题在于，这种立足于调查—分析—决策基础之上的偏离—纠偏—再偏离—再纠偏的控制方法只能发现和逐步纠正偏离，不能使已产生的偏离消失，不能预防可能发生的偏离，因而只能说是被动控制。自20世纪70年代初开始，人们将系统论和控制论研究成果用于项目管理后，将"控制"立足于事先主动地采取决策措施，以尽可能地减少以至避免目标值与实际值的偏离，这是主动的、积极的控制方法，因此被称为主动控制。也就是说，我们的园林工程造价控制，不仅要反映投资决策，反映设计、发包和施工，被动地控制园林工程造价，更要能动地影响投资决策，影响设计、发包和施工，主动地控制园林工程造价。

（3）技术与经济相结合是控制园林工程造价最有效的手段。要有效地控制园林工程造价，应从组织、技术、经济等多方面采取措施。从组织上采取的措施，包括明确项目组织结构，明确造价控制者及其任务，明确管理职能分工；从技术上采取的措施，包括重视设计多方案选择，严格审查监督初步设计、技术设计、施工图设计、施工组织设计，深入技术领域研究节约投资的可能；从经济上采取措施，包括动态地比较造价的计划值和实际值，严格审核各项费用支出，采取对节约投资的有力奖励措施等。

应该看到，技术与经济相结合是控制园林工程造价最有效的手段。长期以来，在我国工程建设领域，技术与经济相分离。许多国外专家指出，中国工程技术人员的技术水平、工作能力、知识面跟外国同行相比几乎不分上下，但他们缺乏经济观念，设计思想保守，设计规范、施工规范落后。国外的技术人员时刻考虑如何降低工程造价，中国技术人员则把它看成与己无关的财会人员的职责；而财会、概预算人员的主要责任是根据财务制度办事，他们往往不熟悉工程知识，也较少了解工程进展中的各种关系和问题，往往单纯地从财务制度角度审核费用开支，难以有效地控制工程造价。为此，迫切需要解决以提高园林工程造价效益为目的的相关问题，在园林工程建设过程中把技术与经济有机结合，通过技术比较、经济分析和效果评价，正确处理技术先进与经济合理两者之间的对立统一关系，力求在技术先进条件下的经济合理，在经济合理基础上的技术先进，把控制园林工程造价观念渗透到各项设计和施工技术措施之中。

· 第九章 ·

园林施工竣工结算和决算

第一节　园林施工竣工结算

一、园林施工竣工结算概述

1. 园林竣工结算的概念

园林竣工结算是指一个单位工程或单项工程完工，经业主及工程质量监督部门验收合格，在交付使用前由施工单位根据合同价格和实际发生的增加或减少费用的变化等情况进行编制，并经业主或其委托方签认的，以表达该项工程最终造价为主要内容，作为结算工程价款依据的经济文件。

园林竣工结算也是建设项目园林建筑安装工程中的一项重要经济活动。正确、合理、及时地办理竣工结算，对于贯彻国家的方针、政策、财经制度，加强建设资金管理，合理确定、筹措和控制建设资金，高速优质完成建设任务，具有十分重要的意义。

2. 园林施工工程价款的主要结算方式

（1）按月结算。实行旬末或月中预支，月终结算，竣工后清算的方法。跨年度竣工的工程，在年终进行工程盘点，办理年度结算。

（2）竣工后一次结算。建设项目或单项工程全部建筑安装工程建设期在 12 个月以内，或者工程承包合同价值在 100 万元以下的，可以实行工程价款每月月中预支，竣工后一次结算。

（3）分段结算。即当年开工，当年不能竣工的单项工程或单位工程按照工程形象进度，划分不同阶段进行结算。分段结算可以按月预支工程款。分段的划分标准由各部门、自治区、直辖市、计划单列市规定。

（4）目标结款方式。即在园林工程合同中，将承包工程的内容分解成不同的控制界面，以业主验收控制界面作为支付工程价款的前提条件。也就是说，将合同中的工程内容分解成不同的验收单元，当承包商完成单元工程内容并经业主（或其委托人）验收后，业主支付构成单元工程内容的工程价款。

（5）结算双方约定的其他结算方式。施工企业在采用按月结算工程价款方式时，要先取得各月实际完成的工程数量，并按照工程预算定额中的工程直接费预算单价、间接费用定额和合同中采用的税率计算出已完工程造价。实际完成的工程数量由施工单位根据有关资料计算，并编制"已完工程月报表"，然后按照发包单位编制"已完工程月报表"，将各个发包单位的本月已完工程造价汇总反映。再根据"已完工程月报表"编制"工程价款结算账单"，与"已完工程月报表"一起，分送发包单位和经办银行，据以办理结算。

施工企业在采用分段结算工程价款方式时，要在合同中规定工程部位完工的月份，根据已完工程部位的工程数量计算已完工程造价，按发包单位编制"已完工程月报表"和"工程价款结算账单"。

"已完工程月报表"和"工程价款结算账单"的格式见表 9-1 和表 9-2。

表 9-1 已完工程月报表 发包单位名称：

年　月　日　　　　　　　　　　　　　　　　　　　　　　　　　　　　　单位：元

单项工程和单位工程名称	合同造价	建筑面积	开竣工日期		实际完成数		备注
			开工日期	竣工日期	至上月(期)止已完工程累计	本月(期)已完工程	

施工企业：　　　　　　　　　　　　　　　　　　　　　　　　编制日期：　年　月　日

表 9-2 工程价款结算账单 发包单位名称：

年　月　日　　　　　　　　　　　　　　　　　　　　　　　　　　　　　单位：元

单项工程和单位工程名称	合同造价	本月(期)应收工程款	应扣款项			本月(期)实收工程款	尚未归还	累计已收工程款	备注
			合计	预收工程款	预收备料款				

施工企业：　　　　　　　　　　　　　　　　　　　　　　　　编制日期：　年　月　日

二、 园林施工竣工结算的内容

1. 园林工程预付款的支付

施工企业承包园林工程，一般都实行包工包料，这就需要有一定数量的备料周转金。在园林工程承包合同条款中，一般要明文规定发包单位（甲方）在开工前拨付给承包单位（乙方）一定限额的工程预付备料款。此预付款构成施工企业为该承包工程项目储备主要材料、结构件所需的流动资金。

按照我国有关规定，实行工程预付款的，双方应当在专用条款内约定发包方向承包方预付工程款的时间和数额，开工后按约定的时间和比例逐次扣回。预付时间应不迟于约定的开工日期前 7 天。发包方不按约定预付，承包方在约定预付时间 7 天后向发包方发出要求预付的通知，发包方收到通知后仍不能按要求预付，承包方可在发出通知后 7 天停止施工，发包方应从约定应付之日起向承包方支付应付款的贷款利息，并承担违约责任。

园林工程预付款仅用于承包方支付施工开始时与本工程有关的动员费用。如承包方滥用此款，发包方有权力立即收回。在承包方向发包方提交金额等于预付款数额（发包方认可的银行开出）的银行保函后，发包方按规定的金额和规定的时间向承包方支付预付款，在发包方全部扣回预付款之前，该银行保函将一直有效。当预付款被发包方扣回时，银行保函金额相应递减。

（1）园林工程预付款的限额。园林工程预付款额度，各地区、各部门的规定不完全相同，主要是保证施工所需材料和构件的正常储备，一般根据施工工期、建安工作量、主要材料和构件费用占建安工作量的比例以及材料储备周期等因素经测算来确定。

① 在合同条件中约定。发包人根据园林工程的特点、工期长短、市场行情、供求规律

等因素，招标时在合同条件中约定工程预付款的百分比。

② 公式计算法。公式计算法是根据主要材料（含结构件等）占年度承包工程总价的比重，材料储备定额天数和年度施工天数等因素，通过公式计算预付备料款额度的一种方法。其计算公式是：

$$工程预付款数额 = \frac{工程总价 \times 材料比重（\%）}{年度施工天数} \times 材料储备定额天数 \tag{9-1}$$

$$工程预付款比率 = \frac{工程预付款数额}{工程总价} \times 100\% \tag{9-2}$$

式中，年度施工天数按 365 日历天计算；材料储备定额天数由当地材料供应的在途天数、加工天数、整理天数、供应间隔天数、保险天数等因素决定。

（2）预付款的扣回。发包单位拨付给承包单位的预付款属于预支性质，到了园林工程实施后，随着园林工程所需主要材料储备的逐步减少，应以抵充园林工程价款的方式陆续扣回。预付款扣回的方法主要如下。

① 可以从未施工园林工程尚需的主要材料及构件的价值相当于预付款数额时起扣，从每次结算工程价款中，按材料比重扣抵工程价款，竣工前全部扣清。其基本表达公式是：

$$T = P\frac{M}{N} \tag{9-3}$$

式中　T——起扣点，即预付备料款开始扣回时的累计完成工作量金额；

　　　M——预付款限额；

　　　N——主要材料所占比重；

　　　P——承包工程价款总额。

② 扣款的方法也可以在承包方完成金额累计达到合同总价的一定比例后，由承包方开始向发包方还款，发包方从每次应付给承包方的金额中扣回工程预付款，发包方至少在合同规定的完工期前将工程预付款的总计金额逐次扣回。发包方不按规定支付工程预付款，承包方按《建设工程施工合同（示范文本）》第 21 条享有相应权力。

在实际经济活动中，情况比较复杂，有些园林工程工期较短，就无需分期扣回；有些园林工程工期较长，如跨年度施工，预付款可以不扣或少扣，并于次年按应预付款调整，多退少补。具体地说，跨年度工程，预计次年承包工程价值大于或相当于当年承包工程价值时，可以不扣回当年的预付款；如小于当年承包工程价值时，应按实际承包工程价值进行调整，在当年扣回部分预付款，并将未扣回部分转入次年，直到竣工年度，再按上述办法扣回。

2. 园林工程进度款的支付

（1）园林工程进度款的组成。财政部制定的《企业会计准则——建造合同》中对合同收入的组成内容进行了解释。合同收入包括两部分内容。

① 合同中规定的初始收入，即建造承包商与客户在双方签订的合同中最初商定的合同总金额，它构成了合同收入的基本内容。

② 因合同变更、索赔、奖励等构成的收入，这部分收入并不构成合同双方在签订合同时已在合同中商定的合同总金额，而是在执行合同过程中由于合同变更、索赔、奖励等原因而形成的追加收入。

施工企业在结算园林工程价款时，应计算已完园林工程的工程价款。由于合同中的工程造价是施工企业在工程投标时中标的标函中的标价，它往往在施工图预算的工程预算价值上下浮动，因此已完工程的工程价款不能根据施工图预算中的工程预算价值计算，只能根据合同中的工程造价计算。为了简化计算手续，可先计算合同工程造价与工程预算成本的比率，再根据这个比率乘以已完工程预算成本，算得已完工程价款。其计算公式如下，即

$$某项工程已完工程价款＝该项工程已完工程预算成本\times\frac{该项工程合同造价}{该项工程预算成本} \quad (9\text{-}4)$$

式中，该项工程预算成本为该项工程施工图预算中的总预算成本，该项工程已完工程预算成本是根据实际完成工程量和相应的预算（直接费）单价和间接费用定额算得的预算成本。如预算中间接费用定额包括管理费用和财务费用，要先将间接费用定额中的管理费用和财务费用调整出来。

至于合同变更收入，包括因发包单位改变合同规定的工程内容或因合同规定的施工条件变动等原因调整工程造价而形成的工程结算收入。如某项办公楼工程，原设计为钢窗，后发包单位要求改为铝合金窗，并同意增加合同变更收入 20 万元，则这项合同变更收入可在完成铝合金窗安装后与其他已完工程价款一起结算，作为工程结算收入。

索赔款是因发包单位或第三方的原因造成、由施工企业向发包单位或第三方收取的用于补偿不包括在合同造价中的成本的款项。如某施工企业与电力公司签订一份工程造价 2000 万元建造水电站的承包工程合同，规定建设期是 2000 年 3 月至 2002 年 8 月，发电机由发包单位采购，于 2002 年 8 月交付施工企业安装。该项合同在执行过程中，由于发包单位在 2003 年 1 月才将发电机运抵施工现场，延误了工期，经协商，发包单位同意支付延误工期款 30 万元。这 30 万元就是因发生索赔款而形成的收入，亦应在工程价款结算时作为工程结算收入。

奖励款是指园林工程达到或超过规定的标准时，发包单位同意支付给施工企业的额外款项。如某施工企业与城建公司签订一项合同造价为 3000 万元的工程承包合同，建设一条高速公路，合同规定建设期为 2000 年 1 月 4 日至 2002 年 6 月 30 日。在合同执行中，于 2002 年 3 月工程已基本完工，工程质量符合设计要求，有望提前 3 个月通车，城建公司同意向施工企业支付提前竣工奖 35 万元。这 35 万元就是因发生奖励款而形成的收入，也应在工程价款结算时作为工程结算收入。

（2）园林工程进度款支付的程序。施工企业在施工过程中，按逐月（或形象进度，或控制界面等）完成的工程数量计算各项费用，向建设单位办理工程进度款的支付。

《建设工程施工合同（示范文本）》关于工程款的支付也作出了相应的约定："在确认计量结果后 14 天内，发包人应向承包人支付工程款（进度款）"。"发包人超过约定的支付时间不支付工程款（进度款），承包人可向发包人发出要求付款的通知，发包人接到承包人通知后仍不能按要求付款，可与承包人协商签订延期付款协议，经承包人同意后可延期支付。协议应明确延期支付的时间和从计量结果确认后第 15 天起计算应付款的贷款利息"。"发包人不按合同约定支付工程款（进度款），双方又未达成延期付款协议，导致施工无法进行，承包人可停止施工，由发包人承担违约责任"。

以按月结算为例，现行的中间结算办法是，施工企业在旬末或月中向建设单位提出预支工程款账单，预支一旬或半月的工程款，月终再提出工程款结算账单和已完工程月报表，收取当月工程价款，并通过银行进行结算。按月进行结算，要对现场已施工完毕的工程逐一进行清点，资料提出后要交监理工程师和建设单位审查签证。为简化手续，多年来采用的办法是以施工企业提出的统计进度月报表为支取工程款的凭证，即通常所称的工程进度款。园林

工程进度款的支付步骤如图 9-1 所示。

图 9-1　园林工程进度款支付步骤

（3）园林工程进度款的计算。园林工程进度款的计算主要涉及两个方面：一是工程量的计量；二是单价的计算方法。

① 工程量的确认。根据有关规定，工程量的确认应做到：承包方应按约定时间向工程师提交已完工程量的报告。工程师接到报告后 7 天内按设计图纸核实已完工程量（以下称计量），并在计量前 24h 通知承包方，承包方为计量提供便利条件并派人参加。承包方不参加计量，发包方自行进行，计量结果有效，作为工程价款支付的依据。工程师收到承包方报告后 7 天内未进行计量，从第 8 天起，承包方报告中开列的工程量即视为已被确认，作为工程价款支付的依据。工程师不按约定时间通知承包方，使承包方不能参加计量，计量结果无效。工程师对承包方超出设计图纸范围和（或）因自身原因造成返工的工程量不予计量。

② 单价的计算。单价的计算方法主要根据由发包人和承包人事先约定的园林工程价格的计价方法决定。一般来讲，园林工程价格的计价方法可以分为工料单价和综合单价两种方法。所谓工料单价法，是指单位工程分部分项的单价为直接成本单价，按现行计价定额的人工、材料、机械的消耗量及其预算价格确定，其他直接成本、间接成本、利润、税金等按现行计算方法计算。所谓综合单价法，是指单位工程分部分项工程量的单价是全部费用单价，既包括直接成本，也包括间接成本、利润、税金等一切费用。二者在选择时，既可采取可调价格的方式，即园林工程价格在实施期间可随价格变化而调整，也可采取固定价格的方式，即园林工程价格在实施期间不因价格变化而调整，在园林工程价格中已考虑价格风险因素并在合同中明确了固定价格所包括的内容和范围。实践中采用较多的是可调工料单价法和固定综合单价法，现结合实例进行介绍和计算工程进度款。

a. 可调工料单价法的表现形式。以某大型园林建筑结构工程报价单为例，见表 9-3。

表 9-3　可调工料单价法

序号	分项编号	项目名称	计量单位	工程量	工料单价/元	合价/元
1	1-1	人工挖土方一、二类	100m³	1.50	540.00	810.00
2	1-46	室内外回填土夯填	100m³	17.20	1140.00	19608.00
3	1-49	人工运土方20m内	100m³	1.50	600.00	900.00
4	1-55	支木挡土板	100m³	0.70	2100.00	1470.00
5	1-149	反铲挖掘机挖土深2.5m内	100m³	2.10	5245.00	12588.00
6	1-213	自卸汽车运土方8t,5km内	1000m³	4.12	12500.00	51500.00
7	2-1	轨道式柴油打桩机打预制方桩12m内,二类	10m³	15.00	11500.00	172500.00
8	3-7	外脚手架钢管双排24m内	100m³	27.20	950.00	25840.00
9	3-41	安全网立挂式	100m³	27.20	410.00	11152.00
10	4-1	普通黏土砖砖基础	10m³	13.60	2250.00	30600.00
11	4-10	普通黏土砖混水砖墙一砖	10m³	48.50	2450.00	11825.00
12	5-9	钢筋混凝土带形基础,组合钢模板钢支撑	100m³	9.76	1450.00	14152.00

续表

序号	分项编号	项目名称	计量单位	工程量	工料单价/元	合价/元
13	5-34	混凝土基础垫层,木模板	100m³	1.38	1200.00	1656.00
14	5-58	矩形柱组合钢模板钢支撑	100m³	29.80	1780.00	53044.00
15	5-74	连续梁组合钢模板钢支撑	100m³	37.50	1890.300	70875.00
16	5-100	有梁板组合钢模板钢支撑	100m³	54.30	1575.00	85523.00
17	5-119	楼梯直形木模板支撑	10m³	4.70	320.00	1504.00
18	5-121	雨篷悬挑板直形木模板支撑	10m³	1.10	216.00	238.00
19	5-296	圆钢筋 φ12 以内	t	3.20	3100.00	9920.00
20	5-312	螺纹钢筋 φ20 以内	t	131.00	3600.00	471600.00
21	5-316	螺纹钢筋 φ30 以内	t	96.00	3400.00	326400.00
22	5-356	箍筋 φ8 以内	t	12.00	3300.00	39600.00
23	5-394	带形基础混凝土 C20	10m³	48.00	3500.00	168000.00
24	5-401	矩形柱混凝土 C25	10m³	29.80	4200.00	125160.00
25	5-405	连续梁混凝土 C25	10m³	37.50	4300.00	161250.00
26	5-417	有梁板混凝土 C20	10m³	85.50	3900.00	333450.00
27	5-421	楼梯直形混凝土 C20	10m³	4.70	1080.00	5076.00
28	5-423	悬挑板混凝土 C20	10m³	1.10	600.00	660.00
29	13-26	建筑现浇框架垂直运输费	100m³	55.00	1500.00	82500.00
30	说明	机械场外运输安拆费	元	1.10	5000.00	5000.00
(一)		直接费小计	元			2401401.00
(二)		措施费=(一)×8%	元			192112.05
(三)		间接费=[(一)+(二)]×10%	元			259351.31
(四)		利润=[(一)+(二)+(三)]×5%	元			142643.22
(五)		税金=[(一)+(二)+(三)+(四)]×3.41%	元			102146.81
(六)		总计	元			3097645.39

b. 固定综合单价法的表现形式。仍以某大型园林建筑结构工程工程量清单为例,其形式见表9-4。

表 9-4   固定综合单价法

序号	分项编号	项目名称	计量单位	工程量	综合单价/元	合价/元
1	1-1	人工挖土方一、二类	100m³	1.50	702.00	1053.00
2	1-46	室内外回填土夯填	100m³	17.20	1482.00	25490.00
3	1-49	人工运土方20m 内	100m³	1.50	780.00	1170.00
4	1-55	支木挡土板	100m³	0.70	2730.00	1911.00
5	1-149	反铲挖掘机挖土深度 2.5m	100m³	2.40	6819.00	16366.00
6	1-213	自卸汽车运土方 8t,5km 内	1000m³	4.12	16250.00	66950.00
7	2-1	轨道式柴油打桩机打预制方桩 12m 内,二类	10m³	15.00	14820.00	222300.00
8	3-7	外脚手架钢管双排24m 内	100m³	27.20	1235.00	33592,00
9	3-41	安全网立挂式	100m³	27.20	533.00	14498.00
10	4-1	普通黏土砖砖基础	10m³	13.60	2925.00	39780.00
11	4-10	普通黏土砖混水砖墙一砖	10m³	48.50	3185.00	154473.00
12	5-9	钢筋混凝土带形基础,组合钢模板钢支撑	100m³	9.76	1885.00	18398.00
13	5-34	混凝土基础垫层,木模板	100m³	1.38	1560.00	2153.00
14	5-58	矩形柱组合钢模板钢支撑	100m³	29.80	2314.00	68957.00
15	5-74	连续梁组合钢模板钢支撑	100m³	37.50	2457.00	92138.00
16	5-100	有梁板组合钢模板钢支撑	100m³	54.30	2048.00	111206.00

续表

序号	分项编号	项目名称	计量单位	工程量	综合单价/元	合价/元
17	5-119	楼梯直形木模板支撑	10m³	4.70	416.00	1955.00
18	5-121	雨篷悬挑板直形木模板支撑	10m³	1.10	281.00	309.00
19	5-296	圆钢筋 ϕ12 以内	t	3.20	4030.00	12896.00
20	5-312	螺纹钢筋 ϕ20 以内	t	131.00	4680.00	613080.00
21	5-316	螺纹钢筋 ϕ30 以内	t	96,000	4420.00	424320.00
22	5-356	箍筋 ϕ8 以内	t	12.00	4290.00	51480.00
23	5-394	带形基础混凝土 C20	10m³	48.00	4550.00	218400.00
24	5-401	矩形柱混凝土 C25	10m³	29.80	5460.00	162708.00
25	5-405	连续梁混凝土 C25	10m³	37.50	5590.00	209625.00
26	5-417	有梁板混凝土 C20	10m³	85.50	5070.00	433485.00
27	5-421	楼梯直形混凝土 C20	10m³	4.70	1404.00	6599.00
28	3-423	悬挑板混凝土 C20	10m³	1.10	780.00	858.00
29	13-26	建筑现浇框架垂直运输费	100m³	55.00	1950.00	107250.00
30	说明	机械场外运输安拆费	元	1.00	6500.00	6500.00
		总计	元			3119900.00

c. 园林工程价格的计价方法。可调工料单价法和固定综合单价法在分项编号、项目名称、计量单位、工程量计算方面是一致的，都可按照国家或地区的单位工程分部分项进行划分、排列，包含了统一的工作内容，使用统一的计量单位和工程量计算规则。所不同的是，可调工料单价法将工、料、机再配上预算价作为直接成本单价，其他直接成本、间接成本、利润、税金分别计算。因为价格是可调的，其材料等费用在竣工结算时按工程造价管理机构公布的竣工调价系数或按主材计算差价或主材用抽料法计算，次要材料按系数计算差价而进行调整。固定综合单价法是包含了风险费用在内的全费用单价，故不受时间价值的影响。由于两种计价方法的不同，因此园林工程进度款的计算方法也不同。

d. 园林工程进度款的计算。当采用可调工料单价法计算园林工程进度款时，在确定已完工程量后，可按以下步骤计算园林工程进度款。根据已完工程量的项目名称、分项编号、单价得出合价。将本月所完全部项目合价相加，得出直接费小计。按规定计算措施费、间接费、利润。按规定计算主材差价或差价系数。按规定计算税金。累计本月应收工程进度款。

（4）园林工程进度款的支付。国家工商行政管理总局、建设部颁布的《建设工程施工合同（示范文本）》中对工程进度款支付作了如下详细规定。

① 工程款（进度款）在双方确认计量结果后 14 天内，发包方应向承包方支付工程款（进度款）。按约定时间发包方应扣回的预付款，与工程款（进度款）同期结算。

② 符合规定范围的合同价款的调整、工程变更调整的合同价款及其他条款中约定的追加合同价款，应与工程款（进度款）同期调整支付。

③ 发包方超过约定的支付时间不支付工程款（进度款），承包方可向发包方发出要求付款通知，发包方受到承包方通知后仍不能按要求付款，可与承包方协商签订延期付款协议，经承包方同意后可延期支付。协议须明确延期支付时间和从发包方计量结果确认后第15天

起计算应付款的贷款利息。

④ 发包方不按合同约定支付工程款（进度款），双方又未达成延期付款协议，导致施工无法进行时，承包方可停止施工，由发包方承担违约责任。

⑤ 工程进度款支付时，要考虑工程保修金的预留以及在施工过程中发生的安全施工方面的费用、专利技术及特殊工艺涉及的费用、文物和地下障碍物涉及的费用。

3. 园林施工工程竣工结算的支付

（1）园林工程竣工结算的程序。园林工程竣工结算是指施工企业按照合同规定的内容全部完成所承包的园林工程，经验收质量合格，并符合合同要求之后，向发包单位进行的最终工程价款结算。

（2）园林工程竣工结算的审查。竣工结算要有严格的审查，一般从以下几个方面入手：

① 核对合同条款。首先，应核对竣工园林工程内容是否符合合同条件要求，园林工程是否竣工验收合格，只有按合同要求完成全部工程并验收合格才能竣工结算；其次，应按合同规定的结算方法、计价定额、取费标准、主材价格和优惠条款等，对园林工程竣工结算进行审核，若发现合同开口或有漏洞，应请建设单位与施工单位认真研究，明确结算要求。

② 检查隐蔽验收记录。所有隐蔽园林工程均需进行验收，两人以上签证；实行园林工程监理的项目应经监理工程师签证确认。审核竣工结算时应核对隐蔽工程施工记录和验收签证，手续完整，工程量与竣工图一致方可列入结算。

③ 落实设计变更签证。设计修改变更应有原设计单位出具的设计变更通知单和修改的设计图纸、校审人员签字并加盖公章，经建设单位和监理工程师审查同意、签证。重大设计变更应经原审批部门审批，否则不应列入结算。

④ 按图核实工程数量。竣工结算的工程量应依据竣工图、设计变更单和现场签证等进行核算，并按国家统一规定的计算规则计算工程量。

⑤ 执行定额单价。结算单价应按合同约定或招标规定的计价定额与计价原则执行。

⑥ 防止各种计算误差。园林工程竣工结算子目多、篇幅大，往往有计算误差，应认真核算，防止因计算误差多计或少算。

4. 园林施工工程款价差的调整

（1）园林工程款价差调整的范围。园林工程造价价差是指园林工程所需的人工、设备、材料费等，因价格变化对园林工程造价产生的变化值。其调整范围包括建筑安装工程费、设备及工器具购置费和工程建设其他费用。

（2）园林工程款价差调整的方法。

① 按实调整法。按实调整法是对园林工程实际发生的某些材料的实际价格与定额中相应材料预算价格之差进行调整的方法。其计算式为

$$某材料价差＝某材料实际价格－定额中该材料预算价格$$

$$材料价差调整额＝\sum（各种材料价差×相应各材料实际用量） \tag{9-5}$$

② 价格指数调整法。该法是依据当地工程造价管理机构或物价部门公布的当地材料价格指数或价差指数，逐一调整各种材料价格的方法。价格指数计算式为

$$某材料价格指数＝\frac{某材料当地当时预算价}{某材料定额中取定的预算价} \tag{9-6}$$

若用价差指数，其计算式为

$$某材料价差指数＝某材料价格指数－1 \tag{9-7}$$

③ 调价文件计算法。这种方法是甲乙方采取按当时的预算价格承包，在合同工期内，按照造价管理部门调价文件的规定，进行抽料补差（在同一价格期内按所完成的材料用量乘以价差）。也有的地方定期发布主要材料供应价格和管理价格，对这一时期的园林工程进行抽料补差。

④ 调值公式法。对园林项目工程价款的动态结算一般采用此法。事实上，在绝大多数工程项目中，甲乙双方在签订合同时就明确列出这一调值公式，并以此作为价差调整的计算依据。

建筑安装工程费用价格调值公式一般包括固定部分、材料部分和人工部分。但当建筑安装工程的规模和复杂性增大时，公式也变得更为复杂。调值公式一般为

$$P = P_0 \left(a_0 + a_1 \frac{A}{A_0} + a_2 \frac{B}{B_0} + a_3 \frac{C}{C_0} + a_4 \frac{D}{D_0} + \cdots \right) \tag{9-8}$$

式中 P——调值后合同价款或工程实际结算款；

                 P_0——合同价款中工程预算进度款；

                 a_0——固定要素，代表合同支付中不能调整的部分占合同总价中的比重；

a_1、a_2、a_3、a_4 $\cdots$——代表有关各项费用（如人工费用、钢材费用、水泥费用、运输费等）在合同总价中所占比重，$a_0 + a_1 + a_2 + a_3 + a_4 + \cdots = 1$；

A_0、B_0、C_0、D_0 $\cdots$——基准日期与 a_1、a_2、a_3、a_4 $\cdots$ 对应的各项费用的基期价格指数或价格；

    A、B、C、D $\cdots$——与特定付款证书有关的期间最后一天的 49 天前与 a_1、a_2、a_3、a_4 $\cdots$ 对应的各项费用的现行价格指数或价格。

5. 园林施工工程价款的核算

（1）施工企业与发包单位工程价款的核算。施工企业与发包单位关于预收备料款、工程款和已完工程款的核算，应在"预收账款——预收备料款"、"预收账款——预收工程款"、"应收账款——应收工程款"、"工程结算收入"或"主管业务收入"（采用企业会计制度的施工企业在"主营业务收入"）等科目进行。

"预收账款——预收备料款"科目用以核算企业按照合同规定向发包单位预收的备料款（包括抵作备料款的材料价值）和备料款的扣还。科目的贷方登记预收的备料款和拨入抵作备料款的材料价值。科目的借方登记工程施工达到一定进度时从应收工程款中扣还的预收备料款以及退还的材料价值。科目的贷方余额反映已经向发包单位预收但尚未从应收工程款中扣还的备料款。本科目应按发包单位的户名和工程合同进行明细分类核算。

"预收账款——预收工程款"科目用以核算企业根据园林工程合同规定，按照工程进度向发包单位预收的工程款和预收工程款的扣还。科目的贷方登记预收的工程款，科目的借方登记与发包单位结算已完工程价款时从"应收账款——应收工程款"中扣还预收的工程款。科目的贷方余额反映已经预收但尚未从应收工程款中扣还的工程款。本科目应按发包单位的户名和工程合同进行明细分类核算。

"应收账款——应收工程款"科目用以核算企业与发包单位办理工程价款结算时，按照工程合同规定应向其收取的工程价款。科目的借方登记根据"工程价款结算账单"确定的工程价款，科目的贷方登记收到的工程款和根据合同规定扣还预收的工程款、备料款。科目的借方余额反映尚未收到的应收工程款。本科目应按发包单位的户名和工程合同进行明细分类

核算。

"工程结算收入"或"主营业务收入"科目用以核算企业承包工程实现的工程结算收入，包括已完工程价款收入、合同变更收入、索赔款和奖励款。施工企业的已完工程价款收入应于其实现时及时入账。

① 实行竣工后一次结算工程价款的园林工程合同，应于合同完成、施工企业与发包单位进行工程合同价款结算时确认为收入实现。实现的收入额为承发包双方结算的合同造价。

② 实行月中预支、月终结算、竣工后清算的工程合同，应分期确认合同价款收入的实现，即各月份终了、与发包单位进行已完工程价款结算时，确认为承包合同已完部分的工程收入实现。本期收入额为月终结算的已完工程价款。

③ 实行分段结算工程价款的工程合同，应按合同规定的工程形象进度，分次确认已完工部位工程收入的实现，即应于完成合同规定的工程形象进度或工程部位、与发包单位进行工程价款结算时，确认为已完工程收入的实现。本期实现的收入额为本期已结算的分段工程价款。合同变更收入、索赔款和奖励款，应在发包单位签证结算时，确认为工程结算收入的实现。施工企业实现的各项工程结算收入应记入科目的贷方。期末，本科目余额应转入"本年利润"科目。结转后，本科目应无余额。

（2）施工企业与分包单位结算工程价款的核算。一个园林工程项目如果有两个以上施工企业同时交叉作业，根据国家对建设工程管理的要求，建设单位和施工企业要实行承发包责任制和总分包协作制。在这种情况下，要求一个施工企业作为总包单位向建设单位（发包单位）总承包，对建设单位负责，再由总包单位将专业工程分包给专业性施工企业施工，分包单位对总包单位负责。

在实行总分包的情况下，如果总分包单位对主要材料、结构件的储备资金都由工程发包单位以预付备料款供应的，总包单位对分包单位要按照工程分包合同规定预付一定数额的备料款和工程款，并进行工程价款的结算。为了反映与分包单位发生的备料款和工程款的预付和结算情况，应设置"预付账款——预付分包备料款""预付账款——预付分包工程款"和"应付账款——应付分包工程款"三个科目。

"预付账款——预付分包备料款"科目用以核算企业按照园林工程分包合同规定预付给分包单位的备料款（包括拨给抵作预付备料款的材料价值）和备料款的扣回。科目的借方登记预付给分包单位的备料款和拨给抵作备料款的材料价值。科目的贷方登记与分包单位结算已完工程价款时，根据合同规定的比例从应付分包单位工程款中扣回的预付备料款以及分包单位退回的材料价值。科目的借方余额反映尚未从应付工程款中扣回的备料款。本科目应按分包单位的户名和分包合同进行明细分类核算。

"预付账款——预付分包工程款"科目用以核算企业按照园林工程分包合同规定预付给分包单位的工程款。科目的借方登记根据工程进度预付给分包单位的分包工程款。科目的贷方登记月终或工程竣工时与分包单位结算的已完工程价款和从应付分包单位工程款中扣回预付的工程款。科目的借方余额反映预付给分包单位尚未从应付工程款中扣回的工程款。本科目应按分包单位的户名和分包合同进行明细分类核算。

"应付账款——应付分包工程款"科目用以核算企业与分包单位办理工程结算时，按照合同规定应付给分包单位的工程款。科目的贷方登记根据经审核的分包单位提出的"工程价款结算账单"结算的应付已完工程价款。科目的借方登记支付给分包单位的工程款和根据合同规定扣回预付的工程款和备料款。科目的贷方余额反映尚未支付的应付分包工程款。本科目应按分包单位的户名和分包合同进行明细分类核算。

三、 园林施工资金使用计划的编制和投资偏差分析

1. 园林施工项目资金使用计划的编制

（1）施工阶段资金使用计划的作用。通过编制资金使用计划，合理确定园林工程造价施工阶段目标值，使园林工程造价的控制有所依据，并为资金的筹集与协调打下基础。如果没有明确的造价控制目标，就无法把园林工程项目的实际支出额与之进行比较，也就不能找出偏差，从而使控制措施缺乏针对性。

（2）园林施工阶段资金使用计划的编制方法。

① 按不同子项目编制资金使用计划。一个园林项目往往由多个单项工程组成，每个单项工程还可能由多个单位工程组成，而单位工程总是由若干个分部分项工程组成。按不同子项目划分资金的使用，进而做到合理分配，首先必须对园林工程项目进行合理划分，划分的粗细程度根据实际需要而定。在实际工作中，总投资目标按项目分解只能分到单项工程或单位工一方面确定完成某项施工活动所需的时间，另一方面也要确定完成这一工作的合适的支出程，如果再进一步分解投资目标，就难以保证分目标的可靠性。

② 按时间进度编制的资金使用计划。园林项目的投资总是分阶段、分期支出的，资金应用是否合理与资金时间安排有密切关系。为了编制资金使用计划，并据此筹措资金，尽可能减少资金占用和利息支付，有必要将总投资目标按使用时间进行分解，确定分目标值。

按时间进度编制的资金使用计划，通常可利用项目进度网络图进一步扩充后得到。利用网络图控制投资，即要求在拟定园林工程项目的执行计划时，一方面确定完成某项施工活动所需的时间，另一方面也要确定完成这一工作的合适的支出预算。

按时间进度编制资金使用计划用横道图形式和时标网络图形式（后文将介绍）。

资金使用计划也可以采用S形曲线与香蕉图的形式，其对应数据的产生依据是施工计划网络图中时间参数（工序最早开工时间、工序最早完工时间、工序最迟开工时间、工序最迟完工时间、关键工序、关键路线、计划总工期）的计算结果与对应阶段资金使用要求。

利用确定的网络计划便可计算各项活动的最早及最迟开工时间，获得项目进度计划的甘特图。在甘特图的基础上便可编制按时间进度划分的投资支出预算，进而绘制时间-投资累计曲线（S形图线）。时间-投资累计曲线的绘制步骤如下。

a. 确定工程进度计划，编制进度计划的甘特图。

b. 根据每单位时间内完成的实物工程量或投入的人力、物力和财力计算单位时间（月或旬）的投资，见表 9-5。

表 9-5　按月编制的资金使用计划

时间/月	1	2	3	4	5	6	7	8	9	10	11	12
投资/万元	100	200	300	500	600	800	800	700	600	400	300	200

c. 计算规定时间 t 计划累计完成的投资额，其计算方法为：各单位时间计划完成的投资额累加求和，可按式（9-10）计算，即

$$Q_t = \sum_{n=1}^{t} q_n \tag{9-9}$$

式中　Q_t——某时间 t 计划累计完成投资额；

　　　q_n——单位时间 n 的计划完成投资额；

　　　t——规定的计划时间。

　　d. 按各规定时间的 Q_t 值绘制 S 形曲线，如图 9-2 所示。

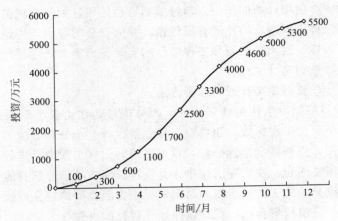

图 9-2　时间-投资累计曲线（S 形曲线）

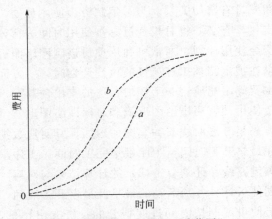

图 9-3　投资计划值的"香蕉图"

a—所有活动按最迟开始时间开始的曲线；b—所有活动按最早开始时间开始的曲线

　　每一条 S 形曲线都是对应某一特定的工程进度计划。进度计划的非关键路线中存在许多有时差的工序或工作，因而 S 形曲线（投资计划值曲线）必然包括在由全部活动都按最早开工时间开始和全部活动都按最迟开工时间开始的曲线所组成的"香蕉图"内，如图 9-3 所示。建设单位可根据编制的投资支出预算来合理安排资金，同时建设单位也可以根据筹措的建设资金来调整 S 形曲线，即通过调整非关键路线上的工序项目最早或最迟开工时间，力争将实际的投资支出控制在预算的范围内。

　　一般而言，所有活动都按最迟时间开始，对节约建设资金贷款利息是有利的，但同时也降低了项目按期竣工的保证率。因此，必须合理地确定投资支出预算，达到既节约投资支出，又控制项目工期的目的。

2. 园林施工投资偏差的分析

在投资控制中，把投资的实际值与计划值的差异叫作投资偏差，即

$$投资偏差＝已完工程实际投资－已完工程计划投资 \qquad (9\text{-}10)$$

结果为正，表示投资超支；结果为负，表示投资节约。但是，必须特别指出，进度偏差对投资偏差分析的结果有重要影响，如果不加考虑就不能正确反映投资偏差的实际情况。如某一阶段的投资超支，可能是由于进度超前导致的，也可能是由于物价上涨导致的。所以，必须引入进度偏差的概念。

$$进度偏差1＝已完工程实际时间－已完工程计划时间 \qquad (9\text{-}11)$$

为了与投资偏差联系起来，进度偏差也可表示为

$$进度偏差2＝拟完工程计划投资－已完工程计划投资 \qquad (9\text{-}12)$$

所谓拟完工程计划投资，是指根据进度计划安排在某一确定时间内所应完成的园林工程内容的计划投资，即

$$拟完工程计划投资＝拟完工程量（计划工程量）×计划单价 \qquad (9\text{-}13)$$

进度偏差为正值，表示工期拖延；结果为负值，表示工期提前。用式（9-11）、式（9-12）来表示进度偏差，其思路是可以接受的，但表达并不十分严格。在实际应用时，为了便于工期调整，还需将用投资差额表示的进度偏差转换为所需要的时间。

偏差分析方法常用的是横道图法、表格法、曲线法和时标网络图法。

（1）横道图法。用横道图法进行投资偏差分析，是用不同的横道标识已完园林工程计划投资、拟完工程计划投资和已完工程实际投资，横道的长度与其金额成正比例，如图9-4所示。

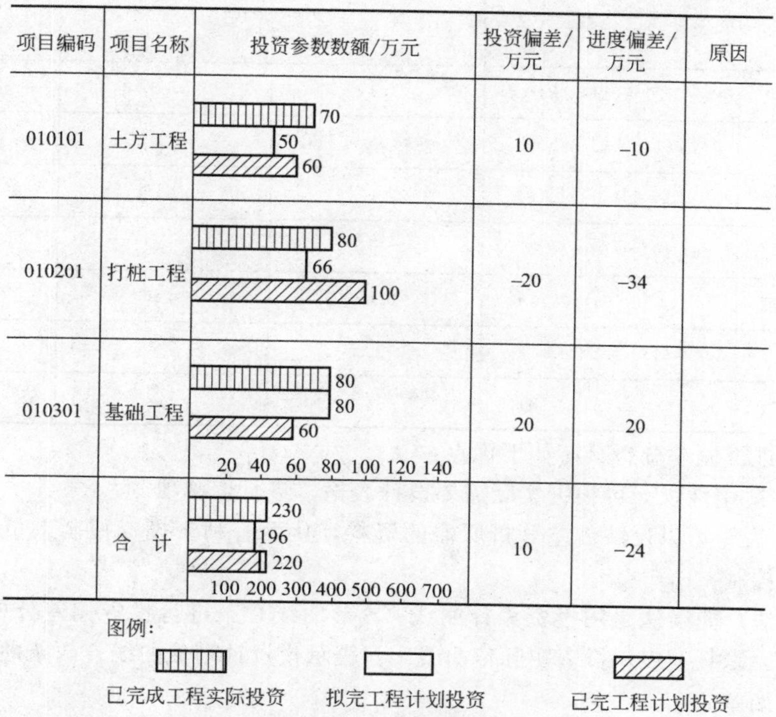

图 9-4 投资偏差分析表（横道图法）

横道图法具有形象、直观、一目了然等优点，它能够准确表达出投资的绝对偏差，而且能一眼感受到偏差的严重性。但是，这种方法反映的信息量少，一般在项目的较高管理层应用。

（2）表格法。表格法是进行偏差分析最常用的一种方法。它将项目编号、名称、各投资参数以及投资偏差数综合归纳入一张表格中，并且直接在表格中进行比较。由于各偏差参数都在表中列出，使得投资管理者能够综合地了解并处理这些数据，见表9-6。

表9-6　投资偏差分析表

项目编号	(1)	010101	010201	010301
项目名称	(2)	土方工程	打桩工程	基础工程
单位	(3)			
计划单位	(4)			
拟完工程量	(5)			
拟完工程计划投资	(6)=(4)×(5)	50	66	80
已完工程量	(7)			
已完工程计划投资	(8)=(4)×(7)	60	100	60
实际单价	(9)			
其他款项	(10)			
已完工程实际投资	(11)=(7)×(9)+(10)	70	80	80
投资局部偏差	(12)=(11)−(6)	10	−20	20
投资局部偏差程度	(13)=(11)/(8)	1.17	0.8	1.33
投资累计偏差	(14)=∑(12)			
投资累计偏差程度	(15)=∑(11)/∑(8)			
进度局部偏差	(16)=(6)−(8)	−10	−34	20
进度局部偏差程度	(17)=(6)/(8)	0.83	0.66	1.33
进度累计偏差	(18)=∑(16)			
进度累计偏差程度	(19)=∑(6)/∑(8)			

用表格法进行偏差分析具有如下优点：

① 灵活、适用性强，可根据实际需要设计表格，进行增减项。

② 信息量大。可以反映偏差分析所需的资料，从而有利于投资控制人员及时采取针对性措施，加强控制。

（3）曲线法。曲线法是用投资累计曲线（S形曲线）来进行投资偏差分析的一种方法，如图9-5所示。其中 a 表示投资实际值曲线，p 表示投资计划值曲线，两条曲线之间的竖向距离表示投资偏差。

在用曲线法进行投资偏差分析时，首先要确定投资计划值曲线。投资计划值曲线是与确定的进度计划联系在一起的。同时，也应考虑实际进度的影响，应当引入三条投资参数曲线，即已完工程实际投资曲线 a，已完工程计划投资曲线 b 和拟完工程计划投资曲线 p，如图 9-6 所示。图 9-6 中曲线 a 与曲线 b 的竖向距离表示投资偏差，曲线 b 与曲线 p 的水平距离表示进度偏差。

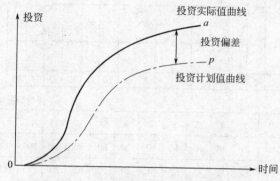

图 9-5　投资计划值与实际值曲线

图 9-6 反映的偏差为累计偏差。用曲线法进行偏差分析同样具有形象、直观的特点，但这种方法很难直接用于定量分析，只能对定量分析起一定的指导作用。

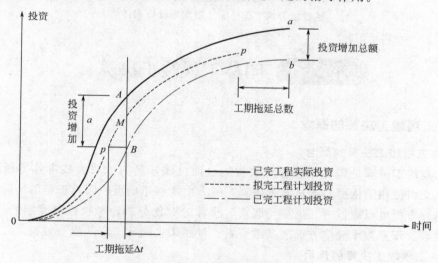

图 9-6　三条投资参数曲线

（4）时标网络图法。时标网络图是在确定施工计划网络图的基础上，将施工的实施进度与日历工期相结合而形成的网络图。它可以分为早时标网络图与迟时标网络图，图 9-7 为早时标网络图。早时标网络图中的结点位置与以该结点为起点的工序的最早开工时间相对应；图中的实线长度为工序的工作时间；虚节线表示对应施工检查日（用▼标示）施工的实际进度；图中箭线上标入的数字可以表示箭线对应工序单位时间的计划投资值。例如图 9-7 中①$\xrightarrow{5}$②、②$\xrightarrow{3}$③、②$\xrightarrow{4}$⑤、②$\xrightarrow{3}$④三项工作列入计划，由上述数字可确定 4 月份拟完工程计划投资为 10 万元。图 9-7 下方表格中的第 1 行数字为拟完工程计划投资的逐月累计值，例如 4 月份为 5＋5＋10＋10＝30 万元；表格中的第 2 行数字为已完工程实际投资逐月累计值，是表示工程进度实际变化所对应的实际投资值。

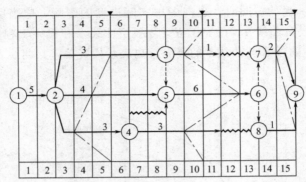

投资数据单位:万元

月份	1	2	3	4	5	6	7	8	9	10	11	12	13	14	15
(1)	5	10	20	30	40	50	60	70	80	90	100	106	112	115	118
(2)	5	15	25	35	45	53	61	69	77	85	94	103	112	116	120

图 9-7　某工程时标网络计划

注:　1. 图中每根箭头线上方数值为该工作每月计划投资。

2. 图下方表内 (1) 栏数值为该工程计划投资累计值;

(2) 栏数值为该工程已完工程实际投资累计值。

第二节　园林工程竣工决算

一、园林工程竣工决算的概念

1. 园林工程竣工决算的概念

园林工程竣工决算是园林工程经济效益的全面反映,是项目法人核定各类新增资产价值、办理其交付使用的依据。通过竣工决算,一方面能够正确反映园林工程的实际造价和投资结果;另一方面可以通过竣工决算与概算、预算的对比分析,考核投资控制的工作成效,总结经验教训,积累技术经济方面的基础资料,提高未来园林工程的投资效益。

2. 园林工程竣工决算的作用

(1) 园林工程竣工决算是综合、全面地反映园林工程竣工项目建设成果及财务情况的总结性文件,它采用货币指标、实物数量、建设工期和种种技术经济指标综合、全面地反映建设项目自开始建设到竣工为止的全部建设成果和财物状况。

(2) 园林工程竣工决算是办理交付使用资产的依据,也是园林工程竣工验收报告的重要组成部分。建设单位与使用单位在办理交付资产的验收交接手续时,通过竣工决算反映了交付使用资产的全部价值,包括固定资产、流动资产、无形资产和递延资产的价值。同时,它还详细提供了交付使用资产的名称、规格、数量、型号和价值等明细资料,是使用单位确定各项新增资产价值并登记入账的依据。

(3) 园林工程竣工决算是分析和检查设计概算的执行情况、考核投资效果的依据。

园林工程竣工决算反映了园林工程竣工项目计划、实际的建设规模、建设工期以及设计和实际的生产能力,反映了概算总投资和实际的建设成本,同时还反映了所达到的主要技术经济指标。通过对这些指标计划数、概算数与实际数进行对比分析，不仅可以全面掌握建设项目计划和概算执行情况，而且可以考核建设项目投资效果，为今后制订基建计划、降低建设成本、提高投资效果提供必要的资料。

二、园林工程竣工决算的内容

园林工程竣工决算是园林工程从筹建到竣工投产全过程中发生的所有实际支出，包括设备工器具购置费、建筑安装工程费和其他费用等。园林工程竣工决算由竣工财务决算报表、竣工财务决算说明书、竣工工程平面示意图、工程造价比较分析四部分组成。其中竣工财务决算报表和竣工财务决算说明书属于竣工财务决算的内容。竣工财务决算是竣工决算的组成部分，是正确核定新增资产价值、反映园林工程竣工项目建设成果的文件，是办理固定资产交付使用手续的依据。

1. 园林工程竣工财务决算说明书

园林工程竣工财务决算说明书主要反映园林竣工工程建设成果和经验，是对竣工决算报表进行分析和补充说明的文件，是全面考核分析园林工程投资与造价的书面总结，其内容主要包括以下内容。

（1）建设项目概况，对园林工程总的评价。一般从进度、质量、安全和造价、施工方面进行分析说明。进度方面主要说明开工和竣工时间，对照合理工期和要求工期分析是提前还是延期；质量方面主要根据竣工验收委员会或相当一级质量监督部门的验收评定等级、合格率和优良品率；安全方面主要根据劳动工资和施工部门的记录，对有无设备和人身事故进行说明；造价方面主要对照概算造价，说明节约还是超支，用金额和百分率进行分析说明。

（2）资金来源及运用等财务分析。主要包括园林工程价款结算、会计账务的处理、财产物资情况及债权债务的清偿情况。

（3）基本建设收入、投资包干结余、竣工结余资金的上交分配情况。通过对基本建设投资包干情况的分析，说明投资包干数、实际支用数和节约额、投资包干节余的有机构成和包干节余的分配情况。

（4）各项经济技术指标的分析。概算执行情况分析，根据实际投资完成额与概算进行对比分析；新增生产能力的效益分析，说明支付使用财产占总投资额的比例、占支付使用财产的比例，不增加固定资产的造价占投资总额的比例，分析有机构成和成果。

（5）园林工程建设的经验及项目管理和财务管理工作以及竣工财务决算中有待解决的问题。

（6）需要说明的其他事项。

2. 园林工程竣工财务决算报表

园林项目竣工财务决算报表要根据大、中型园林项目和小型园林项目分别制订。大、中型园林项目竣工决算报表包括园林项目竣工财务决算审批表，大、中型园林项目概况表，大、中型园林项目竣工财务决算表，大、中型园林项目交付使用资产总表。小型园林项目竣工财务决算报表包括园林竣工财务决算审批表，竣工财务决算总表，园林建设项目交付使用资产明细表。有关表格形式分别见表9-7～表9-12。

（1）园林项目竣工财务决算审批表（表9-7）。该表作为竣工决算上报有关部门审批时使用。其格式按照中央级小型项目审批要求设计，地方级项目可按审批要求做适当修改。

表 9-7　园林项目竣工财务决算审批表

建设项目法人（建设单位）		建设性质	
建设项目名称		主管部门	

开户银行意见：

（盖章）
年　月　日

专员办审批意见：

（盖章）
年　月　日

主管部门或地方财政部门审批意见：

（盖章）
年　月　日

（2）大、中型园林项目概况表（表 9-8）。该表综合反映大、中型园林项目的基本概况，包括该项目总投资、建设起止时间、新增生产能力、主要材料消耗、建设成本、完成主要工程量和主要技术经济指标及基本建设支出情况，为全面考核和分析投资效果提供依据。

表 9-8　大、中型园林项目竣工工程概况表

建设项目（单项工程）名称			建设地址				项目	概算	实际	主要指标
主要设计单位			主要施工企业				建筑安装工程			
占地面积	计划	实际	总投资/万元	设计		实际	设备、工具器具			
				固定资产	流动资产	固定资产 流动资产	待摊投资其中：建设单位管理费			
							其他投资			
新增生产能力	能力（效益）名称		设计	实际			待核销基建支出			
							非经营项目转出投资			
建设起、止时间	设计		从　年　月开工至　年月竣工				合计			
	实际		从　年　月开工至　年月竣工							
设计概算批准文号						主要材料消耗	名称	单位	概算	实际
							钢材	t		
主要完成工程量	建筑面积/m²		设备/台、套、t				木材	m³		
							水泥	t		
	设计	实际	设计	实际		主要技术经济指标				
收尾工作	工程内容		投资额	完成时间						

（3）大、中型园林项目竣工财务决算表（表 9-9）。该表反映竣工的大中型园林项目从

开工到竣工为止全部资金来源和资金运用的情况，它是考核和分析投资效果、落实节余资金、并作为报告上级核销基本建设支出和基本建设拨款的依据。

在编制该表前，应先编制出项目竣工年度财务决算，根据编制出的竣工年度财务决算和历年财务决算编制项目的竣工财务决算。此表采用平衡表形式，即资金来源合计等于资金支出合计。

表 9-9　大、中型园林项目竣工财务决算表　　　单位：元

资金来源	金额	资金占用	金额	补充资料
一、基建拨款		一、基本建设支出		
1. 预算拨款		1. 交付使用资产		
2. 基建基金拨		2. 在建工程		
3. 进口设备转账拨		3. 待核销基建支出		
4. 器材转账拨款		4. 非经营项目转出投资		
5. 煤代油专用基金拨		二、应收生产单位投资借款		
6. 自筹资金拨		三、拨款所属投资借款		
7. 其他拨		四、器材		
二、项目资本		其中：待处理器材损失		
1. 国家资本		五、货币资金		
2. 法人资本		六、预付及应收款		
3. 个人资本		七、有价证券		
三、项目资本公积金		八、固定资产		
四、基建借款		固定资产原值		
五、上级拨入投资借款		减：累计折旧		
六、企业债券资金		固定资产净值		
七、待冲基建支出		固定资产清理		
八、应付款		待处理固定资产损失		
九、未交款				
1. 未交税金				
2. 未交基建收入				
3. 未交基建包干节余				
4. 其他未交款				
十、上级拨入资金				
十一、留成收入				
合计				

（4）大、中型园林项目交付使用资产总表（表 9-10）。该表反映园林项目建成后新增固定资产、流动资产、无形资产和其他资产价值的情况和价值，作为财产交接、检查投资计划完成情况和分析投资效果的依据。小型项目不编制"交付使用资产总表"，直接编制"交付使用资产明细表"；大、中型项目在编制"交付使用资产总表"的同时，还需编制"交付使用资产明细表"。

表 9-10　大、中型园林项目交付使用资产总表　　　单位：元

单项工程项目名称	总计	固定资产					流动资产	无形资产	其他资产
		建筑工程	安装工程	设备	其他	合计			
1	2	3	4	5	6	7	8	9	10

支付单位盖章　年　月　日　　　　　　　　　　　　　接收单位盖章　年　月　日

（5）园林项目交付使用资产明细表（表 9-11）。该表反映交付使用的固定资产、流动资

产、无形资产和其他资产及其价值的明细情况，是办理资产交接的依据和接收单位登记资产账目的研究，是使用单位建立资产明细账和登记新增资产价值的依据。大、中型和小型建设项目均需编制此表。编制时要做到齐全完整，数字准确，各栏目价值应与会计账目中相应科目的数据保持一致。

表 9-11　园林项目交付使用资产明细表

单位工程项目名称	建筑工程			设备、工具、器具、家具					流动资产		无形资产		其他资产	
	结构	面积/m²	价值/元	规格型号	单位	数量	价值/元	设备安装费/元	名称	价值/元	名称	价值/元	名称	价值/元
合计														

支付单位盖章　年　月　日　　　　　　　　　　　　　　　　　接收单位盖章　年　月　日

（6）小型园林项目竣工财务决算总表（表 9-12）。由于小型园林项目内容比较简单，因此可将园林工程概况与财务情况合并编制一张"竣工财务决算总表"，该表主要反映小型园林项目的全部工程和财务情况。

表 9-12　小型园林项目竣工财务决算总表

建设项目名称				建设地址			资金来源		资金运用	
初步设计概算批准文号							项目	金额/元	项目	金额/元
							一、基建拨款　其中:预算拨款		一、交付使用资产	
占地面积	计划	实际	总投资/万元	计划		实际			二、待核销基建支出	
				固定资产	流动资金	固定资产	流动资金	二、项目资本		三、非经营项目转出资
								三、项目资本公积金		
新增生产能力	能力(效益)名称	设计	实际			四、基建借款		四、应收生产单位投资借款	
					五、上级拨入借款			
建设起止时间	计划	从　年　月开工至　年　月竣工		六、企业债券资金		五、拨付所属投资借款	
	实际	从　年　月开工至　年　月竣工		七、待冲基建支出		六、器材	
基建支出	项目	概算/元	实际/元	八、应付款			
	建筑安装工程			九、未付款其中:未交基建收入　未交包干收入			
	设备、工具、器具						
	待摊投资其中:建设单位管理费			十、上级拨入资金			
	其他投资			十一、留成收入			
	待核销基建支出						
	非经营性项目转出投资						
	合计			合计			

3. 园林竣工工程平面示意图

园林竣工工程平面示意图是真实地记录各种地上、地下建筑物、构筑物等情况的技术文件，是园林工程进行交工验收、维护改建和扩建的依据，是国家的重要技术档案。国家规定：各项新建、扩建、改建的基本建设工程，特别是基础、地下建筑、管线、结构、井巷、桥梁、隧道、港口、水坝以及设备安装等隐蔽部位，都要编制竣工图。为确保竣工图质量，必须在施工过程中（不能在竣工后）及时做好隐蔽工程检查记录，整理好设计变更文件。其具体要求如下。

（1）凡按图竣工没有变动的，由施工单位（包括总包和分包施工单位，不同）在原施工图上加盖"竣工图"标志后，即作为竣工图。

（2）凡在施工过程中，虽有一般性设计变更，但能将原施工图加以修改补充作为竣工图的，可不重新绘制，由施工单位负责在原施工图（必须是新蓝图）上注明修改的部分，并附以设计变更通知单和施工说明，加盖"竣工图"标志后作为竣工图。

（3）凡结构形式改变、施工工艺改变、平面布置改变、项目改变以及有其他重大改变，不宜再在原施工图上修改、补充时，应重新绘制改变后的竣工图。由原设计原因造成的，由设计单位负责重新绘制；由施工原因造成的，由施工单位负责重绘图；由其他原因造成的，由建设单位自行绘制或委托设计单位绘制。施工单位负责在新图上加盖"竣工图"标志，并附以有关记录和说明，作为竣工图。

（4）为了满足竣工验收和竣工决算需要，还应绘制反映竣工园林工程全部内容的工程设计平面示意图。

4. 园林工程造价比较分析

对控制园林工程造价所采取的措施、效果及其动态的变化进行认真的比较对比，总结经验教训。批准的概算是考核园林工程造价的依据。在分析时，可先对比整个项目的总概算，然后将建筑安装工程费、设备工器具费和其他工程费用逐一与竣工决算表中所提供的实际数据和相关资料及批准的概算、预算指标、实际的工程造价进行对比分析，以确定竣工项目总造价是节约还是超支，并在对比的基础上总结先进经验，找出节约和超支的内容和原因，提出改进措施。在实际工作中，应主要分析以下内容。

（1）主要实物工程量。对于实物工程量出入比较大的情况，必须查明原因。

（2）主要材料消耗量。考核主要材料消耗量，要按照竣工决算表中所列明的三大材料实际超概算的消耗量，查明是在工程的哪个环节超出量最大，再进一步查明超耗的原因。

（3）考核建设单位管理费、建筑及安装工程措施费和间接费的取费标准。建设单位管理费、建筑及安装工程措施费和间接费的取费标准要按照国家和各地的有关规定，根据竣工决算报表中所列的建设单位管理费与概预算所列的建设单位管理费数额进行比较，依据规定查明是否多列或少列的费用项目，确定其节约超支的数额，并查明原因。

三、 园林工程竣工决算的编制

1. 园林工程竣工决算的编制依据

（1）经批准的可行性研究报告及其投资估算。

（2）经批准的初步设计或扩大初步设计及其概算或修正概算。

（3）经批准的施工图设计及其施工图预算。

（4）设计交底或图纸会审纪要。

（5）招投标的标底、承包合同、工程结算资料。

（6）施工记录或施工签证单以及其他施工中发生的费用记录，如索赔报告与记录、停（交）工报告等。

（7）竣工图及各种竣工验收资料。

（8）历年基建资料、历年财务决算及批复文件。

（9）设备、材料调价文件和调价记录。

（10）有关财务核算制度、办法和其他有关资料、文件等。

2. 园林工程竣工决算的编制步骤

按照财政部印发的财基字（1998）4号关于《基本建设财务管理若干规定》的通知要求，竣工决算的编制步骤如下。

（1）收集、整理、分析原始资料。从园林工程开始就按编制依据的要求，收集、清点、整理有关资料，主要包括园林工程档案资料，如设计文件、施工记录、上级批文、概（预）算文件、园林工程结算的归集整理、财务处理、财产物资的盘点核实及债权债务的清偿，做到账账、账证、账实、账表相符。对各种设备、材料、工具、器具等要逐项盘点核实并填列清单，妥善保管，或按照国家有关规定处理，不准任意侵占和挪用。

（2）对照、核实园林工程变动情况，重新核实各单位工程、单项工程造价。将竣工资料与原设计图纸进行查对、核实，必要时可实地测量，确认实际变更情况；根据经审定的施工单位竣工结算等原始资料，按照有关规定对原概（预）算进行增减调整，重新核定工程造价。

（3）将审定后的待摊投资、设备工器具投资、建筑安装工程投资、工程建设其他投资严格划分和核定后，分别计入相应的建设成本栏目内。

（4）编制竣工财务决算说明书，力求内容全面、简明扼要、文字流畅、说明问题。

（5）填报竣工财务决算报表。

（6）做好工程造价对比分析。

（7）清理、装订好竣工图。

（8）按国家规定上报、审批、存档。

◆ 参考文献 ◆

[1] 成虎. 工程项目管理 [M]. 北京：中国建筑工业出版社，2001.

[2]《工程项目施工成本管理便携手册》编委会. 工程项目施工成本管理便携手册 [M]. 北京：地震出版社，2005.

[3] 刘行. 建筑工程施工成本管理体系 [M]. 北京：中国建筑工业出版社，2001.

[4] 孟兆祯. 园林工程 [M]. 北京：中国林业出版社，2001.

[5] 刘允延. 建设工程项目成本管理 [M]. 北京：机械工业出版社，2003.

[6] 全国建筑企业项目经理培训教材编写委员会. 施工项目成本管理 [M]. 北京：中国建筑工业出版社，2001.

[7] 孙三友. 施工企业现代成本管理与流程再造 [M]. 北京：中国建筑工业出版社，2004.

[8] 武育秦，赵彬. 建筑工程经济与管理 [M]. 武汉：武汉理工大学出版社，2002.

[9] 徐蓉，王旭峰，杨勤. 土木工程施工项目成本管理与实例 [M]. 济南：山东科技出版社，2004.

[10] 张凌云. 工程造价控制 [M]. 北京：中国建筑工业出版社，2004.